Jochen Sommer

NLP for Business

Dieses Buch wäre ohne die Unterstützung von Herrn Dipl. Pol. Rainer Kreck (INLPTA NLP Trainer) nicht möglich gewesen. Sein tief gehendes Wissen und die anregenden Diskussionen haben sehr zur Qualität dieses Buches beigetragen. Bereits während unserer gemeinsamen NLP-Trainerausbildung bei Klaus Grochowiak hat Rainer mich dabei unterstützt, systematisch den theoretischen und geschichtlichen Hintergrund des NLP aufzuarbeiten und kritisch zu hinterfragen.

Bedanken möchte ich mich auch bei Herrn Dirk J. Oestreich für die kritische und konstruktive Durchsicht des Manuskriptes.

Schließlich bedanke ich mich bei meiner Frau Annette für Ihre Unterstützung während der Erstellung des Manuskriptes.

Jochen Sommer

Jochen Sommer

NLP for Business

Mit NLP zum
beruflichen Spitzenerfolg

Bibliografische Information Der Deutschen Bibliothek

Die Deutsche Bibliothek verzeichnet diese Publikation in der Deutschen Nationalbibliografie; detaillierte bibliografische Daten sind im Internet über http://dnb.ddb.de abrufbar.

ISBN 978-3-89749-291-2

2. Auflage 2008

Lektorat: Susanne von Ahn, Hasloh
Umschlaggestaltung: +malsy Kommunikation und Gestaltung, Bremen
Umschlagfoto: zefa visual media, Hamburg
Satz: Lohse Design, Büttelborn
Druck: Salzland Druck, Staßfurt

© 2003 GABAL Verlag GmbH, Offenbach

Abonnieren Sie unseren Newsletter unter:
www.gabal-verlag.de

Inhalt

Vorwort

Seit Jahren ist neurolinguistisches Programmieren, kurz
NLP, als Instrument zum Erreichen beruflicher Spitzenleistungen bekannt. Mit der steigenden Bekanntheit häufen
sich allerdings oft auch Missverständnisse. Nicht selten
werden NLP-Techniken ohne das notwendige Hintergrund-
wissen angewendet. Das resultiert dann darin, dass zunächst
kleine motivierende Erfolge erzielt werden, die Betroffenen
jedoch die wirklichen Schwierigkeiten oft übersehen oder
ignorieren.

Dieses Buch legt seinen Schwerpunkt daher darauf, Ihnen ein
grundlegendes Wissensfundament über NLP zu liefern und
Ihnen gleichzeitig dabei zu helfen, NLP-Handlungskompe-
tenz für den beruflichen Bereich aufzubauen. Damit werden
Sie in die Lage versetzt, auch komplexe berufliche Herausforderungen aus gänzlich anderen Betrachtungsperspek-
tiven heraus zu sehen und neue wirksame Lösungen zu
entwickeln.

Den größten Nutzen werden Sie aus diesem Buch ziehen,
wenn Sie es regelmäßig zurate ziehen und die vorgeschla-
genen Übungen so lange wiederholen, bis Sie die erlernten
Fähigkeiten ohne Schwierigkeiten automatisch anwenden
können.

Dabei wünsche ich Ihnen viel Erfolg.

Jochen Sommer

Einführung: NLP-Grundlagen

Wer sich entschließt, sich mit NLP ernsthaft auseinander zu setzen, hat in der Regel bereits im Vorfeld einiges an Bemerkungen und Geschichten über die Wirkungen und Auswirkungen von NLP gehört oder gelesen.

Positive Veränderungen durch NLP

Viele Geschichten über NLP handeln von Menschen, die über lange Zeit ein Problem mit sich herumgetragen und alle möglichen Lösungsvorschläge ausprobiert haben. Nach einer kurzen NLP-Sitzung hat sich dieses Problem dann plötzlich „in Luft aufgelöst" und die Person ist von Schwierigkeiten befreit, die sie kurz zuvor noch für unlösbar hielt. Häufig berichten Seminarteilnehmer, wie die Anwendung der erlernten Techniken dazu geführt hat, dass sich ihr ganzes Leben von Grund auf verbessert hat und sie nun – aufgrund von NLP – ein zufriedeneres und glücklicheres Leben führen.

Was sind die Gründe für diese Erfahrungen, die viele mit NLP erleben und die so unglaubwürdig klingen? Warum lohnt es sich, sich mit NLP zur Verbesserung der beruflichen Kommunikation auseinander zu setzen?

Was ist NLP?

Der Begriff NLP steht für „Neurolinguistisches Programmieren" und bedeutet, dass unsere inneren Vorgänge auf der Basis von neuronalen Prozessen im Gehirn und der Verwendung von Sprache organisiert sind. NLP ist aus der Frage heraus entstanden, welche besonderen Eigenschaften Menschen in der Kommunikation erfolgreich machen. Hierzu beobachteten die Gründer des NLP, Richard Bandler und John Grinder, ausgewählte Menschen mit „magischen" Kommunikationsfähigkeiten und analysierten diese Fähigkeiten. Das Ergebnis waren wirksame Kommunikationsmodelle und Anleitungen, die Sie trainieren können, um selbst vergleichbare Ergebnisse zu erzielen.

Zu den wichtigsten Eigenschaften von Profi-Kommunikatoren gehört es, Ziele zu formulieren, richtig mit Sprache umzugehen, flexibel auf Veränderungen zu reagieren und in der Lage zu sein, positive Überzeugungen über sich und die Umwelt zu entwickeln. Alle diese Fähigkeiten werden durch NLP trainiert. Die Anwendungsbereiche von NLP sind sehr vielfältig: Therapeutische Interventionen, zwischenmenschliche Kommunikation, Problemlösung, Führung, Verkauf und Kreativität gehören dazu. Dem Einsatz im Privat- wie im Berufsleben sind kaum Grenzen gesetzt.

Lösungsorientierung

NLP-Techniken werden an ihrer Wirksamkeit gemessen, sodass sich NLP auch als eine Sammlung besonders effektiver Veränderungsmethoden bezeichnen lässt. Im Gegensatz zu vielen anderen Disziplinen interessiert sich das klassische NLP nicht für die Ursachen von Problemen oder Störungen, sondern konzentriert sich ganz auf die Lösung. Der Vorteil dieser Betrachtungsweise liegt darin, die Energien der Beteiligten vollständig auf Lösungsstrategien zu lenken.

NLP ist lösungsorientiert

Ich werde in diesem Buch die Begriffe „Klient" und „Coach" verwenden. Dabei verstehe ich die Begriffe so, dass Coach den erfahrenen NLP-Anwender bezeichnet, der dem Klienten hilft, von ihm gewünschte und für ihn förderliche Veränderungen zu erzielen. Diese Beziehung kann im Business-Bereich auch als Vorgesetzter-Mitarbeiter-, Verkäufer-Kunde- oder Berater-Kunde-Beziehung verstanden werden.

Die Beziehung zwischen Coach und Klient

Prozessorientierung

NLP trennt Prozess und Inhalt

NLP-Techniken sind niemals am Inhalt des Problems orientiert. In der Regel kann für eine ganze Klasse von Problemen immer dieselbe Lösungsstruktur verwendet werden, unabhängig von der speziellen Problematik. Ein Beispiel soll dies verdeutlichen:

Beispiel

Phobien (starke Ängste vor Situationen oder Dingen) entstehen dadurch, dass die betroffene Person automatisch innere Bilder und Vorstellungen aufbaut, die dazu führen, dass sie in bestimmten Situationen die Kontrolle über ihr Verhalten verliert und eine starke Angst entwickelt. Diese inneren Bilder treten dann auf, wenn sich die Person der gefürchteten Situation nähert. Ist ein bestimmter Punkt oder Abstand unterschritten, so läuft ein innerer (Horror-)Film automatisch ab. Die dadurch auftretende Angst entzieht sich der eigenen Kontrolle. Für die NLP-Intervention ist es nun von Interesse, diesen Prozess an der entscheidenden Stelle zu verändern, sodass die Angst in Zukunft gar nicht erst entstehen kann. Dem Klienten wird dabei die Fähigkeit vermittelt, Kontrolle über diesen sonst unbewussten Vorgang zu erlangen. Dabei spielt es keine Rolle, um welche Art von Phobie es sich handelt. NLP ist also prozessorientiert.

Die Veränderung des Prozesses führt zur Problemlösung

Die Vorgehensweise für eine Klasse von Problemen ist unabhängig von den Inhalten. Die Prozesse selbst werden als „Formate" bezeichnet, in denen die einzelnen Schritte des Vorgehens genau beschrieben sind. Durch die Konzentration auf ein Ziel und eine wirksame und erprobte Methode zur Lösung spezieller Problemklassen ergibt sich häufig eine sofortige Lösung bestimmter Schwierigkeiten oder unangemessener Verhaltensweisen. Aus diesem Grunde wird NLP als „Kurzzeittherapie" bezeichnet.

Voraussetzungen

NLP beschäftigt sich mit der Kommunikation mit sich selbst und anderen. Dabei konzentriert sich NLP grundsätzlich auf die Kommunikation zwischen Coach und Klient. Der Fokus liegt also auf der direkten Kommunikation zwischen zwei Personen. Lernen und Veränderung versteht NLP als Grundlage für die persönliche Entwicklung, als dreistufigen Informationsverarbeitungsprozess, der auf den folgenden Voraussetzungen beruht:

Direkte Kommunikation als Grundlage

- Der Klient muss wirklich wollen.
- Der Klient muss wissen, wie er vorzugehen hat.
- Der Klient muss sich die Veränderung erlauben.

Entwickelt sich Widerstand, so ist mindestens eine dieser Voraussetzungen nicht erfüllt. Widerstand drückt sich in Formulierungen aus, die gleichzeitig auf die Form der Störung hinweisen:

Widerstand gegen Veränderung

- „Es bringt nichts."
- „Es geht nicht" gleichbedeutend mit: „Ich kann nicht."
- „Ich will eigentlich, aber" tue es nicht.

Handelt es sich bei den Widerständen um Probleme, die im sozialen Umfeld des Klienten zu suchen sind, so ist eine Lösung mittels der klassischen NLP-Formate oft nicht sinnvoll. In solchen Fällen eignen sich systemische Vorgehensweisen, wie etwa Organisationsaufstellungen, in denen die Beziehungen innerhalb einer Gruppe thematisiert werden.

Systemische Lösungen

Aufgrund der Komplexität des menschlichen Geistes ist die Reaktion auf eine Intervention niemals exakt vorhersehbar. Das bedeutet, NLP kann Ihnen helfen, Probleme zu lösen, stellt jedoch kein Allheilmittel für jede Art von Schwierigkeit dar. Für den Business-Anwender ist es sinnvoll, NLP als Werkzeug zu verstehen, das es ihm selbst und anderen ermöglicht, beruflich erfolgreicher zu werden.

Menschliches Verhalten ist nicht exakt vorhersehbar

Anwendung im beruflichen Bereich

Es gibt keine Misserfolge, sondern nur Ergebnisse

NLP ist eine Methode, mit deren Hilfe Sie lernen können, sich eigener und fremder Wahrnehmungen, Denk- und Verhaltensmuster bewusst zu werden. Eine Grundannahme ist dabei, dass hinter jedem Ergebnis eine unbewusste Strategie steht, also jedem Erfolg und auch jedem Misserfolg eine Strategie zugrunde liegt. Besondere Aufmerksamkeit verdienen die Strategien erfolgreicher Menschen, die Sie durch Anwendung von NLP erkennen können. Haben Sie eine erfolgreiche Strategie ermittelt, ist es Ihnen möglich, diese zu untersuchen, eventuell zu verbessern und auf sich selbst oder andere Personen durch Training zu übertragen. Dadurch sind Sie in der Lage, Misserfolge in Erfolge zu verwandeln und diejenigen inneren Prozesse und Denkvorgänge zu trainieren, die für persönlichen und beruflichen Erfolg entscheidend sind.

Mit NLP können Sie Methoden erlernen, um in Ihrem beruflichen Umfeld erfolgreicher zu werden. Dabei entwickeln Sie Strategien, die es Ihnen erlauben, gewünschte Ergebnisse einfacher und eleganter zu erzielen, als dies allein durch Verstärkung Ihrer bisherigen Anstrengungen möglich ist.

NLP für Führungskräfte

Erwartungen an Führungskräfte

Führungskraft in der heutigen Wirtschaft zu sein stellt sich vielfach als ausgesprochen schwierige Position heraus. Auf der einen Seite wird von der Führungskraft verlangt, selbst Vorbild für die Mitarbeiter zu sein, fachliche Anerkennung zu erlangen und motivierend und begeisternd auf Mitarbeiter einzuwirken. Auf der anderen Seite wird erwartet, dass die Führungskraft über mehr oder weniger angeborene Fähigkeiten verfügt, die vorhandenen Mitarbeiter ihren Fähigkeiten gemäß einzusetzen und zu fördern, sodass sich deren Leistungsbereitschaft und -fähigkeit automatisch erhöhen.

Dieser Spagat gelingt den meisten Vorgesetzen nur zum Teil. Der Grund ist, dass die hierzu notwendigen Kenntnisse eben nicht angeboren sind und es dem Manager an geeigneten Methoden und Überprüfungskriterien mangelt, um eine optimale Motivation und Einsatzbereitschaft der Mitarbeiter zu erkennen und zu fördern.

Führungsfähigkeit ist nicht angeboren

Häufig fühlen sich Vorgesetzte von den Schwierigkeiten durch die Mitarbeiter überwältigt, was sich in Aussagen wie „Ich habe schon alles versucht!" oder „Bei diesem Mitarbeiter waren bisher alle Versuche vergebens!" ausdrückt. Da es keine Kriterien gibt, um die Wirksamkeit einer Vorgehensweise bereits von Beginn an zu überprüfen, investieren die meisten Führungskräfte einfach mehr Zeit und Intensität in die bisherigen Methoden, in der Hoffnung, dadurch den Erfolg zu steigern. Frei nach dem Motto: „Wir brauchen einen größeren Hammer!" werden die bisherigen Methoden einfach verstärkt. Ein gelangweilter Mitarbeiter wird dann – je nach Vorgesetztem – entweder noch mehr für die kleinste positive Leistung gelobt und belohnt oder eben noch mehr bestraft und möglicherweise vor dem versammelten Kollegium in seine Schranken gewiesen.

Das Ergebnis dieser Vorgehensweise ist oft eine Einteilung in gute und schlechte Mitarbeiter, wobei der Einfluss auf die Leistung durch Führung kaum wirklich erkennbar (und selten nachweisbar) ist. Dies führt zu einer unbefriedigenden Situation für das Unternehmen. Der Mitarbeiter fühlt sich ungerecht behandelt, und der Vorgesetzte ist nicht in der Lage, seine eigenen Führungsqualitäten zu verbessern, da er die Reaktionen der Mitarbeiter nicht einordnen kann. Erfolgreiche Führungskräfte können den Grund für ihren Erfolg nicht angeben, und erfolglose Führungskräfte kennen den Grund für den Misserfolg ebenfalls nicht oder suchen ihn ausschließlich bei den Mitarbeitern (die sie meistens selbst ausgesucht haben).

Die richtige Führungsstrategie durch NLP

Durch die Anwendung von NLP wird es möglich, erfolgreiche Strategien für Vorgesetzte und Mitarbeiter zu erkennen, zu entwickeln und zu trainieren. Durch die Verbesserung der eigenen Wahrnehmung lernt die Führungskraft die häufig nonverbalen Signale der Mitarbeiter richtig zu interpretieren und einen feedbackorientierten Managementstil zu entwickeln. Verschiedene Techniken zur Zielformulierung und das Metamodellieren (siehe Kapitel „Sprache", Seite 37) helfen, Probleme richtig zu deuten und die Mitarbeiter bei Schwierigkeiten zu unterstüt-zen, ohne selbst die Arbeit für sie zu erledigen. Damit sind grundlegende Managementmethoden wie Delegation oder Mitarbeitergespräche überhaupt erst sinnvoll durchzuführen.

NLP für Verkäufer

Verkaufen heißt: Die richtige Person zum richtigen Zeitpunkt zur richtigen Entscheidung nach ihrer eigenen Wahl zu veranlassen.

Zielorientierung, Wahrnehmung, Flexibilität

Der Unterschied zwischen einem erfolgreichen Verkäufer und einem weniger erfolgreichen Verkäufer liegt nur zu einem kleinen Teil in äußeren Faktoren wie Produktvorteilen oder Preisgestaltung. Häufig entscheidet der gute persönliche Kontakt über das Vertrauen, das der Kunde dem Verkäufer gegenüber aufbringt. Durch dieses Vertrauen steigt letzlich die Kaufbereitschaft. Gute Verkäufer sind in der Lage, relativ schnell eine gute Beziehung zu einem Kunden aufzubauen und herauszufinden, wie das eigene Produkt oder die eigene Dienstleistung dem Kunden hilft.

Ist sich Verkäufer der seiner Ziele bewusst und hat er die Fähigkeit entwickelt, schnell und sicher wahrzunehmen, wann er sich dem Verkaufserfolg nähert, so kann er Abschlüsse sicherer erzielen. Durch die Fähigkeit, auf negative

Veränderungen der Erfolgswahrscheinlichkeit flexibel zu reagieren, wird er dauerhaft erfolgreich. Schließlich helfen ihm positive Überzeugungen über sich und die Kunden, motiviert zu bleiben.

NLP hilft dem Verkäufer, diese Fähigkeiten zu entwickeln. Als Verkäufer lernen Sie, sich mit NLP erfolgreich Ziele zu setzen und schnell eine gute Beziehung zu Ihren Kunden aufzubauen. Sie lernen, Ihre Wahrnehmung zu verbessern und flexibel auf Wünsche und Forderungen Ihrer Kunden einzugehen. Durch die Techniken des Metamodellierens und des Reframings (siehe Kapitel „Reframing", Seite 90) sind Sie in der Lage, Ihre Verkaufsgespräche zielgerichtet zu führen und Widerstände beim Kunden zu überwinden.

NLP für Berater und Trainer

Als Berater in kommunikativen oder organisatorischen Aufgaben stehen Sie häufig im Konflikt zwischen den eigenen Werten und denen der Kunden. Manchmal kommt es sogar vor, dass Berater Aufträge erhalten, an deren Lösung der Kunde in Wirklichkeit nicht interessiert ist. Der Berater wird in diesem Fall eingekauft, um vordergründige Probleme zu bearbeiten, ohne die eigentlichen Ursachen zur Sprache zu bringen. Dadurch wird er oft selbst zum Teil des Problems. Manche Trainer erleben, dass es deutliche Unterschiede zwischen den Interessen des Auftraggebers und denen der eigentlichen Seminarteilnehmer gibt.

Konflikte zwischen eigenen Werten und Kundeninteresse

Insbesondere Trainern oder Beratern in technischen Bereichen fehlen häufig Methoden, um die Interessen des Kunden überhaupt zu erkennen. Vor allem in der IT-Branche habe ich mehrfach erlebt, dass Berater und Trainer bei Kunden mehr Schaden als Nutzen verursacht haben, weil sie entweder kein Interesse an den Schwierigkeiten des Kunden hatten oder nicht in der Lage waren, diese zu erkennen.

Kundenergründung

15

Deutliche Erfolge bei technischen Beratern

Durch Anwendung von NLP erwerben Berater die Fähigkeit, die Schwierigkeiten und Interessen des Kunden auf wirksame Art eindeutig zu hinterfragen. Viele Techniken des NLP sind für Trainer in Kursen auf einfache Art umzusetzen. Dadurch ist es ihnen möglich, die Teilnehmer zu Beginn eines Seminars oder eines Workshops ausreichend zu motivieren und während des Trainings den Lernprozess deutlich zu verbessern.

> **Die Beschäftigung mit NLP wird Ihre kommunikativen Fähigkeiten erweitern und Ihnen helfen, bisherige berufliche Schwierigkeiten aus einem anderen Blickwinkel betrachten und lösen zu können. Sie werden in die Lage versetzt, relativ schnell Ergebnisse zu erzielen und zielorientiert Ihr eigenes Verhalten positiv zu verändern.**

Durch die Verbesserung Ihrer Wahrnehmung werden Sie fähig, besser auf andere einzugehen und gewünschte Veränderungen einfacher und sicherer zu erzielen. Selbstverständlich lassen sich die so gewonnenen Fähigkeiten auch auf andere Lebensbereiche übertragen. Dabei sind Ihrer Kreativität keinerlei Grenzen gesetzt.

Vorannahmen des NLP

Grundannahmen

NLP geht von bestimmten Grundannahmen aus, die Sie kennen sollten, damit Sie ein Gefühl für die Denkrichtungen des NLP bekommen. Die wichtigsten Vorannahmen des NLP werden hier kurz erläutert:

1. Die Landkarte ist nicht das Gebiet. Diese Vorannahme besagt, dass sich Menschen eine innere Vorstellung (Landkarte) von der Welt bilden. Diese Vorstellung von der Welt

stellt die Welt jedoch nicht vollständig und objektiv dar, sondern wird durch Tilgungen, Verallgemeinerungen und Verzerrungen (siehe Kapitel „Sprache und NLP", Seite 37) verändert. Der Mensch reagiert daher niemals direkt auf die Welt, sondern immer nur auf seine subjektive Repräsentation davon. Verändert man daher die Landkarte, so ändert sich auch das Verhalten.

2. Menschen treffen innerhalb ihres Modells der Welt grundsätzlich die beste ihnen subjektiv mögliche Wahl. Hierdurch werden menschliche Verhaltensweisen oft verständlich. Ein Hauptanliegen von NLP ist es, dem Klienten mehr Wahlmöglichkeiten zu eröffnen, damit er für zukünftiges Verhalten eine angemessenere Wahl treffen kann als bisher.

3. Jedes Verhalten wird durch eine positive Absicht motiviert. Diese Vorannahme ist häufig nicht leicht zu akzeptieren. Befragt man jedoch Menschen nach der Absicht, die selbst einem destruktiven Verhalten zugrunde liegt, so erfährt man in der Regel, dass die dahinter liegende Absicht einen positiven Grundgedanken enthält. Ein Ziel von NLP-Interventionen ist es dann, der Person alternative Verhaltensweisen aufzuzeigen, mit denen die gewünschte positive Absicht auf angemessenere Weise erreicht wird.

4. Für jedes Verhalten gibt es einen Kontext, in dem es sinnvoll und angemessen ist. Häufig möchten Klienten eine von ihnen ausgeführte Verhaltensweise gänzlich vermeiden. In der Vergangenheit wurde dieses Verhalten jedoch gelernt und hat zu positiven Wirkungen geführt. Wird das Verhalten aber im falschen Kontext ausgeübt, so hat es oft negative Konsequenzen. Ziel ist es dann, für den anderen Kontext eine passendere Verhaltensweise zu finden.

5. Menschen kommunizieren, um von ihrem Gegenüber eine erwünschte Reaktion zu erhalten. Bleibt diese aus, so ist die eigene Botschaft nicht angekommen. Anstatt nun gereizt zu reagieren, ist es nützlich, das eigene Verhalten zu ändern.

6. Widerstand beim Klienten / Kunden bedeutet mangelnde Flexibilität des Coachs / Beraters. Widerstand ist nicht das Ergebnis von bösem Willen, sondern ein Zeichen dafür, dass entweder das Verhältnis zum Coach noch nicht stimmig ist oder innere Prozesse ein Akzeptieren verhindern.

7. Wenn etwas nicht funktioniert, tue etwas anderes. Diese Vorannahme hilft flexibel zu reagieren. Anstatt eine erfolglose Strategie mit mehr Anstrengung und Ausdauer weiter zu verfolgen, ist es oft sinnvoller, eine neue Verhaltensstrategie anzuwenden.

8. Kommunikation ist redundant. Menschen kommunizieren immer in den drei Hauptrepräsentationssystemen (visuell, auditiv, kinästhetisch, siehe Kapitel „Repräsentationssysteme", Seite 47). Der Anteil der nonverbalen Kommunikation beträgt etwa 70 Prozent.

9. Es gibt keinen Ersatz für saubere, offene sensorische Kanäle.

10. Alle Menschen haben alle Ressourcen, um jede gewünschte Veränderung an sich vorzunehmen.

11. Menschen kommunizieren auf zwei Ebenen: auf der bewussten und auf der unbewussten.

12. Der positive Wert jedes Individuums ist konstant, hingegen kann der Wert und die Angemessenheit des internen und externen Verhaltens Gegenstand der Veränderung sein.

13. Menschen arbeiten perfekt, niemand funktioniert nicht richtig. Wenn wir mit einem unserer Verhaltensmuster nicht zufrieden sind, geht es darum, herauszufinden, wie es funktioniert, um es so zu verändern, dass es nützlich oder angenehm ist.

14. Eine Wahl zu haben ist besser, als keine Wahl zu haben; oder: Je größer die Auswahl, desto besser („Wenn etwas nicht funktioniert, tue etwas anderes!").

15. Es gibt keine Fehler in der Kommunikation, nur Resultate oder Feedback.

16. Alle Unterschiede, die Menschen hinsichtlich ihrer internen und externen Umgebung sowie ihres Verhaltens machen können, lassen sich sinnvoll im visuellen, auditiven, kinästhetischen, gustatorischen und olfaktorischen System repräsentieren (siehe Kapitel „Repräsentationssysteme", Seite 47).

17. Die Person mit der größten Flexibilität kontrolliert die Situation.

18. „Rapport" bedeutet, dem anderen im Modell seiner Welt zu begegnen (siehe Kapitel „Rapport", Seite 68).

19. Alles, was jemand tun kann, jedes Verhalten, lässt sich modellieren und lehren.

20. Jeder kann alles erreichen, wenn die Aufgabe in Stücke geteilt wird, die klein genug sind (Chunking).

Erlernen komplexer Fähigkeiten

Die letzte Aussage wird manchmal dahingehend interpretiert, dass es mit NLP möglich sei, alle persönlichen Grenzen zu überwinden. Dabei wird jedoch übersehen, dass das Erlernen von Fähigkeiten häufig ein langwieriger Prozess ist und einiges an Anstrengung verlangt. Insbesondere komplexe menschliche Fähigkeiten, wie zum Beispiel das Komponieren von Musik oder Schachspielen, verlangen jahrelanges Training und die Fähigkeit, kleinste Unterschiede in den Repräsentationssystemen wahrzunehmen (siehe Kapitel „Submodalitäten", Seite 82). So sind beispielsweise Musiker in der Lage, Veränderungen der Tonhöhe wahrzunehmen, die ein Nichtmusiker unmöglich unterscheiden kann.

Beziehung zwischen Coach und Klient: das Format

Das Format als Rahmen von NLP-Techniken

Der Rahmen, in dem NLP-Techniken durchgeführt werden, wird als „Format" bezeichnet. Ein Format beschreibt den Prozess, den der Coach mit dem Klienten durchläuft, um eine Veränderung zu ermöglichen. Dabei gibt das Format die genauen Prozessschritte vor, die zu durchlaufen sind. Ähnlich einem Algorithmus wird das Format durchgeführt, bis die erwünschte Veränderung erzielt wird.

Der Kern eines Formats ist die jeweilige Veränderungstechnik selbst, die dem Format seinen Namen gibt (zum Beispiel Anker verschmelzen, siehe Kapitel „Anker", Seite 80).

Üblicherweise durchläuft der Coach zusammen mit dem Klienten die folgenden Schritte:

1. Aufbau von Rapport. Hierunter versteht man den Aufbau einer gegenseitigen guten Beziehung, die durch Harmonie und Verständnis geprägt ist. Erst der Rapport ermöglicht eine förderliche Zusammenarbeit (siehe Kapitel „Rapport", Seite 68).
2. Genaue Problemformulierung. Durch Hinterfragen ergründet der Coach das eigentliche Problem des Klienten. Hierbei stellt er so lange Fragen, bis er das Problem so weit verstanden hat, dass es für ihn möglich ist zu intervenieren. Insbesondere unterbricht er den Klienten, wenn dieser Beispiele und Geschichten mehrfach wiederholt.
3. Wohl geformte Zielformulierung. Unter Berücksichtigung der Kriterien für wohl geformte Ziele wird die Zielvorstellung des Klienten für die Veränderungsarbeit formuliert (siehe Kapitel „Ziele", Seite 22).
4. Klärung von Hindernissen. Gegebenenfalls wird geklärt, was den Klienten bisher an der Zielerreichung gehindert hat und welche Fähigkeiten er bereits für die Zielerreichung besitzt.
5. Jetzt folgt die eigentliche Veränderungsarbeit, also das Format im engeren Sinne.
6. Ökologie-Check. Nach erfolgreicher Durchführung des Formats erfolgt der so genannte „Öko-Check". Der Klient wird dazu angeleitet, sich die erfolgte Veränderung vorzustellen und darauf zu achten, ob es Widerstände in ihm

selbst oder von anderen Personen geben könnte. Existieren solche Widerstände, wird nach einer alternativen Verhaltensweise gesucht.

7. Test. Noch einmal wird der Klient angeleitet, sich die neue Verhaltensweise vorzustellen. Dabei befragt der Coach ihn nach dem sich einstellenden Gefühl. Sehr wichtig ist, dass der Coach an dieser Stelle auf körperliche Signale achtet, die Unbehagen signalisieren.

8. Future-Pacing. Schließlich wird das neue Verhalten oder die neu erlangte Sichtweise mit einer angenehmen Zukunft verknüpft. Der Coach bittet den Klienten, sich die zukünftigen positiven Veränderungen intensiv vorzustellen.

Einige Formate enthalten nur einen Teil dieser Schritte. Da der Schwerpunkt dieses Buches auf der Verbesserung der eigenen kommunikativen Kompetenzen liegt, werden Sie im Folgenden nur ausgewählte Formate kennen lernen. Um Ihnen die direkte Umsetzung zu ermöglichen, wird jeder der Schritte genau beschrieben. Ergänzend zu den Formaten werden Sie durch Übungen in die Lage versetzt, auch ohne Coach Ihre Kommunikationsfähigkeiten zu verbessern.

Sie lernen im Folgenden wesentliche Teilbereiche und Mittel des NLP kennen (Kapitel 1. bis 9.), die alle an praktischen Beispielen, vor allem aus dem beruflichen Bereich, erläutert werden. Grundlage der Anwendung sind stets die oben genannten Vorannahmen und die eben erwähnten Schritte des Formats. Die letzten beiden Kapitel (10. und 11.) zeigen die konkrete Entwicklung und Umsetzung von Strategien und die praktische Anwendung von NLP-Techniken bei Vorträgen und bauen insofern auf den ersten Kapiteln auf.

1. Ziele

Ziele erkennen

Was ist wirklich wichtig? NLP ist zielorientiert. Eine entscheidende Kernfrage im privaten und beruflichen Umfeld lautet: „Was ist wichtig für mich?" Hier sind wir in derselben Situation wie Alice im Wunderland, als sie an einer Wegkreuzung die Katze trifft: „Welchen Weg soll ich nehmen?", fragt Alice und bekommt zur Antwort: „Das hängt davon ab, wo du hin willst." „Ach, das ist mir eigentlich gleichgültig", sagt Alice, worauf die Katze feststellt: „Wenn es dir gleich ist, wo du hinkommst, dann ist es auch gleich, welchen Weg du nimmst." Eine simple – und dennoch häufig nicht zur Kenntnis genommene – Einsicht.

Beispiel Steven Spielberg *Vor etwa dreißig Jahren hatte ein Mann einen Traum. Er wollte die besten Filme der Welt drehen und mit den besten Filmemachern auf diesem Gebiet arbeiten. Dazu verschaffte er sich Zutritt zu den Universal Film Studios und belegte dort einen leeren Bauwagen als sein Büro. Aufgrund der Größe der Studios fiel dies niemandem auf. Der Mann begann, Super-8-Filme zu drehen, und holte sich das Feedback der Universal-Mitarbeiter. Er nutzte somit die vorhandenen Möglichkeiten, um seinem Ziel näher zu kommen. Hierdurch verbesserte er seine Fähigkeiten und Techniken – und heute gehört Steven Spielberg zu den bekanntesten und erfolgreichsten Regisseuren der Welt.*

Implizite und explizite Ziele Sicherlich haben Sie sich in der Vergangenheit bewusst oder unbewusst Ziele gesetzt und viele davon erreicht. Möglicherweise haben Sie Ihre jetzige berufliche Position durch konsequente Arbeit errungen oder Sie haben sich etwas geleistet, das Sie seit langer Zeit besitzen wollten. Mit dem Wissen über richtige Zielformulierung ist es Ihnen möglich, nicht nur implizit mit Zielen und Zielsetzungen zu arbeiten, sondern diese bewusst zu setzen und sich an ihnen zu orientieren, sie explizit zu machen. Diese Vorgehensweise hilft Ihnen bei Mitarbeitergesprächen, Businessplänen, Verkaufsgesprächen und vielen beruflichen und privaten Anwendungen.

Wer beispielsweise einmal ein Haus gebaut hat und sich an die Zeiten der Planung und Durchführung zurückerinnert, weiß sehr genau, wie wichtig eine klare Definition der Ziele für deren Umsetzung ist. Dass wir mit klaren Zielen und dem daraus folgenden Sinn für Prioritäten mühelos 30 bis 50 Prozent mehr leisten können, ist vielen Menschen aus eigenem Erleben bekannt. Denken Sie einmal an den letzten Tag vor Ihrem Urlaub: Sind Sie nicht auch schon einmal in der Zwickmühle gewesen, das Pensum von zwei Tagen an einem Tag schaffen zu müssen? Wenn ja, dann wissen Sie bereits, dass Sie mit klaren Zielen und Prioritäten besonders leistungsfähig sind.

Klare Zieldefinition als Grundlage des Erfolgs

Wenn jede Minute zählt, sind die meisten von uns clever genug, sich schon am Vorabend des letzten Arbeitstags erste Gedanken darüber zu machen, was alles getan werden muss und wie wir dabei am besten vorgehen. Sogar diejenigen, die sich sonst damit brüsten, dass sie ihren Arbeitstag mühelos im Kopf planen können, greifen in dieser Situation regelmäßig zu Papier und Bleistift, um die Übersicht zu behalten. Wir überlegen: „Was ist das Wichtigste? Was muss ich unbedingt schaffen? Was kann ich gegebenenfalls auf später vertagen? Was kann ich delegieren? Wie viel Zeit darf ich auf die einzelne Tätigkeit maximal verwenden?"

Prioritäten setzen

Mit diesen klaren Prioritäten vor Augen begeben wir uns an die Arbeit. Und schon beginnt der Tag ganz anders. Anstelle der üblichen Rituale wie Kaffee kochen oder kurz die Zeitung lesen fangen wir sofort an und stellen fest:

Es ist unglaublich, wie viel wir schaffen, wenn wir nichts anderes tun!

Menschen mit Zielen sind erfolgreicher

Eine amerikanische Untersuchung belegt dieses Prinzip sehr eindruckvoll: Forscher befragten dort die Absolventen der Yale-Universität zum Ende ihres Studiums im Jahre 1953 nach ihrem Karriereziel. Sie stellten fest, dass nur drei Prozent der Befragten schriftlich formulierte, konkrete Ziele besaßen. Die Teilnehmer der Untersuchung wurden dann 20 Jahre lang während ihres Berufslebens beobachtet. Die drei Prozent, die klare Ziele hatten, hatten sich 20 Jahre später ein größeres Vermögen erarbeitet als die restlichen 97 Prozent.

Kennen Sie Ihre Ziele?

Um ein Ziel effektiv zu erreichen, müssen Sie es möglichst genau kennen. Das klingt so selbstverständlich – doch viele Menschen können für sich selbst kein klares Ziel benennen, das sie verfolgen. In diesem Abschnitt werden Sie Techniken zur Zielformulierung kennen lernen, sodass Sie eine hohe Wahrscheinlichkeit der Realisierung erreichen.

Wollen Sie beruflich erfolgreich werden, dann beginnen Sie heute, dieses Ziel konkret zu formulieren. Welche Position wollen Sie erreichen? Was wollen Sie verdienen? Wie sehen die Teilschritte aus, die Sie gehen müssen, um Ihr Ziel zu erreichen? Welche Fähigkeiten benötigen Sie noch? Schaffen Sie sich die Grundlage für richtige Prioritäten und die Verbesserung Ihrer Ergebnisse, indem Sie für sich klare Ziele formulieren.

Zielarbeit im NLP

Im NLP konzentriert man sich – im Unterschied zu vielen anderen Kommunikationstechniken und therapeutischen Richtungen – nicht auf die Probleme und ihre (vermeintlichen) Ursachen, sondern auf das Ziel. Das Ziel gibt die Richtung für eine Problemlösung vor. Es geht vorrangig um die Konstruktion von Zielen, die ein Klient oder eine Klientin für sich in Eigenkompetenz mithilfe eines Beraters oder einer Beraterin festlegt. Damit werden die Energien des Klienten auf die Lösung konzentriert und nicht für die Ergründung der Ursachen verbraucht.

Die Konzentration auf Probleme verschwendet Energie

Ziele haben für Menschen eine starke Sinn gebende Kraft, die sie zum Handeln aktiviert. Sie motivieren uns, indem sie die Aufmerksamkeit und die vorhandenen Ressourcen fokussieren. In der Psychologie gibt es drei große Ideen über die menschliche Motivation:

Ziele motivieren

- Sigmund Freuds Grundmotiv „der Wille nach Lust",
- Alfred Adlers Grundmotiv „der Wille nach Macht" und
- Victor Frankels Grundmotiv „der Wille nach Sinn".

Dadurch, dass ich erkenne, wohin ich will, kann ich die notwendigen Schritte und Tätigkeiten auf dem Weg zum Ziel definieren. In diesem Sinne beschäftigt sich die allgemeine Psychologie schon seit langem mit Zielen.

> **Ziele sind sinnesspezifische, realistische zukünftige Ereignisse. Sie haben eine hohe Wahrscheinlichkeit der Realisierung.**

Wirkprinzipien

Das Formulieren eines Ziels ist für die meisten Menschen schwierig, besonders in Problemsituationen, weil ihre Auf-

Ziele verstecken sich oft in Problemen

merksamkeit oft ausschließlich auf das Problem und dessen Folgen fokussiert ist. Zugleich kann es kein Problem geben ohne Ziel. Wobei das Ziel zunächst oft „versteckt" erscheint.

Menschen suchen Lösungen

Die zugrunde liegende Annahme im NLP ist, dass Menschen nicht Hilfe suchen, weil sie Probleme haben, sondern weil sie Lösungen suchen. Weiterhin geht man davon aus, dass es für viele Probleme gar nicht nötig ist zu wissen, warum sie existieren, um sie zu lösen. Häufig ist diese Frage sogar unentscheidbar und auch behindernd. Selbst wenn Sie die Gründe für ein Problem kennen, wissen Sie in der Regel noch nicht, wie Sie das Problem lösen können.

Semantische Reaktion

Durch die Zielarbeit im NLP werden der Fokus und somit die Ressourcen des Klienten auf die Lösung selbst gelegt. Die Zielformulierung nach NLP-Prinzipien ist ein Klärungsprozess. Der Klärungsprozess als solcher hilft, Hindernisse zu überwinden. Einwände treten dabei zutage und können aufgelöst werden. Durch die Klärung erfolgt eine „semantische Reaktion" beim Gegenüber. Das bedeutet eine Veränderung, die den Geist und den Körper beeinflusst und zu einer bestimmten, für den Klienten positiven Bedeutungsgebung führt.

Im NLP wird der Begriff des „Ziels" gegenüber Begriffen wie „Vision", „Wunsch" und „Utopie" abgegrenzt. Die folgende Übersicht gibt dieses Verständnis wieder:

Utopie	von der unmöglichen Zukunft
Vision	von der absoluten Zukunft
Wunsch	zur potenziellen Zukunft
Ziel	zur realen Zukunft

Zielarbeit ist die Summe aller Maßnahmen, die im NLP zur Bestimmung eines wohl geformten Ziels dienen.

Die Zielarbeit umfasst den Fragenkatalog des Zielrahmens, die Aktivierung des Zielzustands unter Berücksichtigung des Ökologie-Checks (also dem im NLP so wichtigen Test, ob es im eigenen Umfeld oder innerhalb des eigenen Selbst Widerstände gegen die Erreichung des Ziels gibt) sowie das Erkunden von Hindernissen für das Ziel.

Elemente der Zielarbeit

Das Zielbild ist eine Vorstellung vom Ziel: die Imagination einer Situation, in der das Ziel bereits erreicht ist.

Im Zielbild sind alle Qualitäten enthalten, die das Erreichen des Zieles attraktiv machen. Ein Zielbild kann eine Vorstellung in allen Repräsentationssystemen (Sinnesebenen wie auditiv oder visuell, siehe Kapitel „Repräsentationssysteme", Seite 47) sein. Bei der Zielarbeit geht es darum, ein möglichst attraktives Zielbild (nach den Kriterien wohl geformter Ziele – siehe unten – und unter Berücksichtigung eines Ökologie-Checks) zu entwerfen.

Zielbilder müssen attraktiv sein

Bei der Zielarbeit wird oft zuerst eine dissoziierte Zielvorstellung entworfen. Das heißt, der Klient stellt sich vor, wie er als Außenstehender das Ziel erlebt, sich dabei selbst als Person im Zielbild sehen kann. Auch hier wird noch einmal überprüft, ob die Vorstellung möglicherweise unangenehme Gefühle hervorruft, die sich später als Hindernisse bei der Zielerreichung herausstellen können.

Dissoziation, um unangenehme Gefühle zu vermeiden

Im nächsten Schritt wird das Ziel assoziiert erlebt. Der Klient stellt sich vor, wie es ist, selbst Teil des Zielbildes zu sein und

Assoziation und Öko-Check

die Situation aus der inneren Perspektive möglichst mit allen Sinnen zu erleben. Die Vorstellung, das Ziel bereits erreicht zu haben, ist eine gute Prüfung, ob die Erreichung des Ziels wirklich wünschenswert ist. Treten beim assoziierten Erleben des Ziels keine angenehmen oder gar unangenehme Gefühle auf (das heißt für den Coach: Kann er von außen keine passende Zielphysiologie = körperliche Reaktion beobachten?), dann muss das Ziel verändert werden. Dies geschieht in der Regel durch einen intensivierten oder erweiterten Öko-Check. Diese Art der Vorgehensweise führt dazu, das Ziel zu überprüfen oder es in ein anderes Ziel umzuändern, das dem gleichen Zweck dient, ohne unerwünschte Nebenwirkungen zu haben.

Das klassische Beispiel der Wahl eines unökologischen Ziels ist König Midas, der sich wünscht, dass sich alles, was er anfasst, in Gold verwandelt. Er findet schnell heraus: Dies ist eine unverkennbare Schwäche.

Den Wechsel von der Problemphysiologie zur Zielphysiologie muss der Coach im Rahmen einer (erfolgsversprechenden) Zielarbeit wahrnehmen.

Zielsätze Der Coach kann den Klienten Merksätze formulieren lassen, die dessen Ziel beschreiben, so genannte Zielsätze. Zielsätze sind Affirmationen. Sie wirken selbst-hypnotisch. Übliche Kriterien für Zielsätze sind:
- positiv formuliert: keine Negationen und Vergleiche,
- in Eigenverantwortung: keine Wünsche an andere,
- in Gegenwart formuliert: keine Zukunft oder Konjunktive.

Der innere Zustand bei der Vorstellung, man sei im Ziel und habe das Ziel erreicht, wird Zielzustand genannt.

Dem Erleben eines Zielzustandes (von außen an einer entsprechenden Zielphysiologie erkennbar) kommt im Rahmen der Zielarbeit des NLP ein großer Stellenwert zu. Dabei wird der Klient angeleitet, sich das Erreichen des künftigen Ziels bereits in der Gegenwart intensiv und sinnlich vorzustellen (das heißt so zu tun, als ob das Ziel bereits erreicht wäre). Dies dient den folgenden Zwecken:

Tu als ob

- einer Überprüfung, ob der Klient/die Klientin das Ziel auch tatsächlich erreichen will (wenn nicht, muss es modifiziert werden),
- der Überprüfung von vielleicht vorher nicht bedachten Umständen und Konsequenzen des Ziels (das heißt von Elementen eines Ökologie-Checks),
- dem mentalen Erleben in jenem Zustand, der für die Erreichung des Ziels benötigt wird.

Kriterien richtiger Zielformulierung

Ein wohl geformtes Ziel genügt bestimmten Kriterien. NLP verwendet verschiedene Merkhilfen, die zur Überprüfung der richtigen Zielformulierung dienen. Die Wohlgeformtheitskriterien für Ziele sind folgendermaßen definiert:

Kriterien der Wohlgeformtheit

- selbst erreichbar (aktive Beteiligung, Eigenkontrolle, zum Beispiel „Zugang zu Filmstudios" im Falle Steven Spielbergs),
- positiv formuliert (keine Negationen, zum Beispiel: „Ich möchte Filme drehen.")
- sinnlich konkret (sinnlich wahrnehmbarer Beweis für die Erfüllung des Ziels, zum Beispiel „Film" als Ergebnis),
- kontextualisiert (spezifische Formulierung in einem genauen Kontext, zum Beispiel „Filmstudios"),
- ökologisch (berücksichtigt Auswirkungen auf andere Menschen oder Systeme wie auch auf eigene Persönlichkeitsanteile),
- erreichbar (Chunkgröße angemessen, das heißt genügend Zwischenschritte),
- schriftlich fixiert.

SPEZI Eine Variation dieser Wohlgeformtheitskriterien ist unter dem Namen *SPEZI* bekannt:

- *S* = sinnlich wahrnehmbar (jedes Ziel, Ergebnis, auf das ich hinsteuern will, muss ich sinnlich erfahren, also sehen, hören, fühlen, riechen können),
- *P* = positiv ausgedrückt (statt weg vom negativen Vermeidungsziel – hin zum Positivziel),
- *E* = eigeninitiativ erreichbar (das Ergebnis muss aus eigener Kraft zu erreichen sein),
- *Z* = zusammenhangspezifisch definiert (nicht alles einschließen, sondern den Zusammenhang definieren, in dem und für den das Ergebnis erreicht werden soll),
- *I* = intentionserhaltend (die guten Absichten des jetzigen Verhaltens erhalten und in das neue Ziel einbauen).

SMART Eine vergleichbare Variante ist auch das *SMART-Modell*:

- *S* = Sinnesspezifisch (innere Repräsentation),
- *M* = Messbar (Erfolgskriterien, durch Dritte überprüfbar),
- *A* = Attraktiv (anziehend, die Handlung bestimmend),
- *R* = Realistisch (angemessen große Zwischenschritte = Chunks),
- *T* = Terminiert (konkreter Zeitpunkt).

Fragetechniken für das Coaching

Fragen bewirken Veränderungen Für die Auftragsklärung und Zielbestimmung sind lösungsorientierte Fragen ein wesentliches Instrument. Natürlich können die Fragen selbst bereits positive Veränderungen beim Klienten auslösen. Fragen werden im Zusammenhang mit anderen Techniken eingesetzt. Die verschiedenen Fragen stellen die Wohlgeformtheit der Zieldefinition sicher. Die folgende Vorgehensweise können Sie im Coaching erfolgreich anwenden:

- Gewünschtes Ziel positiv beschreiben lassen.
  Beispiel: Der Gesprächspartner sagt: *„Ich möchte weniger bezahlen!"*

Zielfrage: *„Wie viel willst du bezahlen?"*
Kommt der Klient zu keiner positiven Zielformulierung, kann der Berater auch mit Vorschlägen helfen, zum Beispiel: *„Willst du 10.000 Euro weniger bezahlen?"*

- Das Ziel/die Lösung soll durch den Klienten selbst kontrollierbar und auslösbar sein.
  Beispiel: Der Klient sagt: *„Ich will, dass mein Vorgesetzter meine Leistung anerkennt."*
  Dies ist zwar ein spezifisches Ziel, es ist jedoch nicht kontrollierbar, weil keine Möglichkeit besteht, die Anerkennung des Chefs sicherzustellen. Die wichtige Frage ist hierbei: Wie kann der Klient sein Verhalten so verändern, dass sein Chef ihn lobt? Dies könnte dann Ziel und Auftrag für eine Beratung sein.
  Zielfrage: *„Was könntest du tun, um seine Anerkennung zu gewinnen?"*

- Kontext sensorisch genau beschreiben: Wann, Wo, Wer, Was, Wie?
  Beispiel: Jemand sagt: *„Ich will immer erfolgreich sein!"* Diese Aussage impliziert ein „Immer und Überall", insofern ist sie übergeneralisiert.
  Zielfrage: *„Mit was genau willst du erfolgreich sein?"*

- Zwischenziele und Schritte bilden.
  Beispiel: Jemand sagt: *„Ich will Mitglied des Vorstands werden!"*
  Zielfrage: *„Was ist dafür notwendig? Welche Schritte sind dafür notwendig und welches ist der erste?"*

- Zielzustand sinnlich spezifisch beschreiben lassen.
  Beispiel: Der Klient formuliert: *„Ich will kommunikativer sein."*
  Zielfrage: *„Wenn du kommunikativer bist, woran spürst du das?"*

- Prüfen der Ökonomie.
  Bei Fragen, die diesen Aspekt beleuchten, geht es darum, den Preis des Ziels zu bestimmen. Ebenso den materiellen Gewinn, der die Motivation verursacht.

Zielfrage: *„Was gewinnst du durch deine Zielerreichung?"*
▨ Prüfen der Ökologie.
Zielfrage: *„Welche Folgen hat die Zielerreichung für dich?"*
▨ Erfragen des Meta-Ziels.
Was möchte der Klient über das Ziel hinaus für sich erreichen?
Meta-Ziel-Frage: *„Wofür ist das gut, wenn du das Ziel erreicht hast?"*

Sie können diese Vorgehensweise auch auf sich selbst anwenden, um Ihre Ziele zu finden und zu klären.

Die Wunderfrage nach Steve de Shezar   Die Wunderfrage von Steve de Shezar können Sie nutzen, um eine Zieldefinition im NLP-Sinne zu erarbeiten. Dem Klienten stellen Sie dabei die folgende Frage:
„Stell dir vor, du gehst heute Nacht schlafen und dein Problem ist gelöst. Doch leider vergisst du, dass jemand für dich dieses Problem gelöst hat. An was wirst du am nächsten Morgen erkennen, dass du dieses Problem nicht mehr hast?"

Zielkriterien   Sammeln Sie die Zielkriterien des Klienten (oder Ihre eigenen). Danach erarbeiten Sie gemeinsam die einzelnen Schritte. Gehen Sie folgendermaßen vor:

1. Problem spezifizieren.
„Was ist das Anliegen?" (Vertiefen des Problems – Ursache, Physiologie –, um dem Beobachter, den Unterschied zwischen Ziel- und Problemphysiologie zu verdeutlichen)
2. Ziel formulieren/Wunderfrage stellen.
„Finde ein wünschenswertes Ziel, das du zum Beispiel in fünf Jahren erreicht haben möchtest."
3. Kompetenzbereich überprüfen.
„Mach dir klar, ob du dein Ziel aus eigenen Kräften erreichen kannst!"
4. Kontext bestimmen.
„Überlege, wo, wann, wie und mit wem du dein Ziel

erreichen willst und ob dein Ziel in einen passenden Zusammenhang eingebettet ist."

5. *Öko-Check.*

„Stell dir vor, du hast dein Ziel erreicht. Gibt es etwas, worauf du bei der Zielerreichung verzichten musst? Wenn ja, mache dir klar, ob du das willst. Überlege, was deine Zielerreichung für Partner, Kinder, Freunde oder deine berufliche Situation bedeutet. Gibt es andere mögliche negative Folgen deiner Zielerreichung?"

6. *Bodentimeline auslegen.*

„Suche dir jetzt einen Ort, der die Gegenwart markieren soll. Bestimme von hier ausgehend entsprechend deiner inneren Zeitvorstellung, wo entlang sich die Vergangenheit und wohin sich deine Zukunft erstreckt."

In diesem Schritt wird eine gedachte Zeitlinie (Timeline) auf dem Boden ausgelegt. Hierzu können Sie Papierbögen verwenden, auf die Sie signifikante Ereignisse oder Jahreszahlen schreiben. In der Regel ist die Vergangenheit auf der linken Seite und die Zukunft rechts, jedoch soll der Klient die Form und den Verlauf seiner Timeline selbst bestimmen. Durch die Bewegung im Raum auf der Timeline fällt es dem Klienten leichter, sich in bestimmte Lebensperioden hineinzuversetzen, sodass durch die intensivere Vorstellung die Arbeit bedeutend erleichtert wird.

7. *Zielbild aufbauen.*

„Tritt in der Gegenwart auf deine Linie, schaue auf die Zukunft und stelle dir vor, du hast dein Ziel erreicht. Entwirf einen Film, der dich zeigt, wie du dein Ziel erreicht hast. Überprüfe, ob der Film dir gefällt, und nimm Veränderungen vor, bis er dir ganz und gar gefällt."

8. *In die Zukunft gehen.*

„Wenn du diesen Film zu deiner Zufriedenheit entworfen hast, begib dich jetzt in Richtung Zukunft bis vor den Zeitpunkt, an dem du dein Ziel erreicht hast."

9. *Ins Zielbild assoziieren.*

„Gehe jetzt in diese Zielvorstellung hinein und erlebe, wie

es sich anfühlt, das Ziel erreicht zu haben. Überprüfe nochmals, ob du ganz zufrieden bist. Wenn du etwas findest, was dir nicht gefällt, nimm Veränderungen vor, bis dir das Erleben ganz und gar gefällt."

10. *Bedeutung der Zielerreichung wahrnehmen.*

„Begib dich weiter in die Zukunft, um wahrzunehmen, was es für dein weiteres Leben bedeutet, dass du dieses Ziel erreicht hast."

11. *Blick auf den Weg vom Ziel.*

„Schau aus dieser Position zurück in Richtung Gegenwart und mach dir klar, wie du dein Ziel erreicht hast. Welche Schritte hast du gemacht, um dein Ziel zu erreichen? Was hast du gut gemacht? Welche Dinge waren schwieriger? Vielleicht kommen dir in dieser Position Ideen, wie du den Weg zum Ziel am besten zurücklegen könntest? Vielleicht fallen dir neue Möglichkeiten ein, die dich auf dem Weg unterstützen könnten."

12. *Sich auf den Weg machen.*

„Gehe jetzt zur Gegenwart zurück und schau von dort aus noch einmal auf dein Ziel."

Negative Überzeugungen verhindern die Zielerreichung

Wichtig: Ein Ziel muss eine „Hin-zu-Motivation" für den Klienten darstellen. Im Prozess der Zielformulierung müssen Sie gemeinsam die erforderlichen Ressourcen definieren. Auf einschränkende, limitierende Glaubenssätze (Formulierungen wie: „Ich bin zu alt, zu jung, zu dick" …) müssen Sie achten, da diese sich als große Hindernisse bei der Zielerreichung herausstellen können. Im Rahmen der Zielformulierung müssen Sie mögliche Hindernisse und die Ressourcen zur Überwindung dieser Hindernisse herausarbeiten.

72-Stunden-Regel

Die ersten Schritte zur Zielerreichung sollten in den nächsten 72 Stunden umgesetzt werden, damit kurzfristig die ersten (kleinen) Erfolge sichtbar und spürbar werden.

Verhalten erfolgreich verändern

Die folgenden Schritte gehen auf Antony Robbins zurück und helfen dabei, ein wohl formuliertes Ziel für eine Verhaltensänderung umzusetzen:

- Mache dir bewusst, was du wirklich erreichen willst und was dich davon abhält, dein Ziel jetzt zu verwirklichen!
- Verknüpfe in deiner Vorstellung massiven Schmerz mit dem Gedanken an dein bisheriges Verhalten und verknüpfe unbändige Freude mit der Vorstellung, dein Verhalten sofort zu ändern!
    - Frage dich: „Mit welchen Nachteilen muss ich rechnen, wenn ich so weitermache wie bisher?"
    - „Welche Vorteile sind mit einem veränderten Verhalten verbunden?"
- Unterbrich das einengende Verhaltensmuster sofort, wenn es auftritt!
    - Verknüpfe es mit einer peinlichen Erfahrung.
    - Wandle dein Gefühl um (zum Beispiel Wut in Lachen).
    - Hör einfach auf damit.
- Entwickle kraftvolle Alternativen zu deinem einengenden Verhaltensmuster!
    - Erinnere dich an eigene Fähigkeiten in der Vergangenheit oder in anderer Umgebung.
    - Denk an andere Menschen, die das, was du brauchst, schon können.
- Übe das neue Muster ein, bis es dauerhaft (automatisch) auftritt!
    - Wiederhole es ständig.
    - Belohne dich sofort, wenn du das neue Verhalten gezeigt hast.
    - Spiele das neue Verhalten mental immer wieder mit starken positiven Gefühlen durch.
- Probiere es aus!

Mögliche Schwierigkeiten bei der Zielformulierung

Manchmal kommt es im Coaching-Prozess bei der Zielformulierung zu Problemen, die sich nicht durch die oben genannten Vorgehensweisen lösen lassen. Dabei gibt es zwei Problemklassen:

2 Problemklassen

1. *„Systemischer Nebel"*

In diesem Problemkreis ist es für den Klienten nicht möglich, die Konsequenzen seiner Zielformulierung „zu Ende" zu denken, es wird alles unklar und undeutlich; dies kann ein Hinweis sein, dass hier systemische Verstrickungen dem Ziel entgegenstehen (zum Beispiel Loyalitäten oder Familiengeheimnisse, die verhindern, dass der Klient sich seiner Strategien, Wünsche und Ziele bewusst sein darf).

In diesem Fall ist eine systemische Intervention (zum Beispiel Familienaufstellung) möglich, die zu einer Klärung der Widerstände führen kann. Für den Coach bedeutet dies, dass er die Zielarbeit an dieser Stelle zunächst unterbricht und dem Klienten dabei hilft, die vorhandenen Hindernisse zu erkennen und zu überwinden.

2. *„Keine Ziele"*

In manchen Fällen ist es so, dass Menschen keine Ziele formulieren können, es kommt nur ein hilfloses „ich weiß nicht, was ich will". Hier ist es wichtig, zunächst einen Zielfindungsprozess anzuregen. Dabei helfen Ihnen verschiedene NLP-Techniken (zum Beispiel Assoziationen oder Dissoziationen), Probleme und Wünsche des Klienten zu erfahren.

Sie sehen, wie wichtig es ist, beim Zielfindungsprozess treffende Formulierungen zu finden und souverän mit der Sprache umzugehen. Im Folgenden erfahren Sie mehr über den Umgang von NLP mit dem wichtigsten Kommunikationsmittel, der Sprache.

2. Sprache

Metamodell der Sprache

Die Bedeutung der Kommunikation liegt beim Sender.

Wie die Komponente „linguistisch" im Namen Neurolinguistisches Programmieren herausstellt, spielt die Sprache eine entscheidende Rolle in den Veränderungstechniken des NLP:

- Sprache nutzen wir zur Repräsentation unserer Erfahrung. Wir bilden Modelle unserer Erfahrung (Landkarten) über vielfältige Verknüpfungen von sinnlichen Wahrnehmungen (Informationen aus der Außenwelt) mit gespeicherten kognitiven Bedeutungen (Mustern) und Emotionen (gespeicherten Informationsnetzen).
- Über die Sprache teilen wir anderen Menschen unsere Repräsentationen und Modelle der Erfahrung mit. Wir beschreiben, deuten und bewerten die Welt.
- Sprache erzeugt körperlich sichtbare emotionale Reaktionen (semantische Reaktion).

Damit erweist sich Sprache als zentraler Bestandteil unserer geistigen Erfahrung und unseres Einwirkens auf die Welt. Sie setzt einen Rahmen für innere und äußere Aktivitäten, der sowohl Grenzen als auch Möglichkeiten für unsere Wahrnehmung und unser Handeln definiert.

Die Begründer von NLP, John Bandler und Richard Grinder, entwickelten das Metamodell der Sprache als erstes NLP-Werkzeug. Es enthält die Struktur effektiver Kommunikationsmuster „magischer" Therapeuten und ist Bestandteil

Das erste NLP-Werkzeug: das Metamodell der Sprache

aller NLP-Interventionen. Auf der Basis dieses Modells leitet NLP Menschen an,

- präzise notwendige Informationen zu erfragen, die für effektive Entscheidungen, Problemlösungen, kreative Prozesse wesentlich sind,
- einschränkende starre Denkmuster und Überzeugungen mithilfe von Fragen aufzuspüren, diese oft unbewussten Überzeugungen mit der ursprünglichen Erfahrung wieder zu verbinden und infrage zu stellen,
- einschränkende und blockierende Glaubenssätze aufzulösen und durch verbales Reframing (etwas in einen anderen Rahmen setzen, siehe Kapitel „Reframing", Seite 90) in flexible Deutungs- und Handlungsmuster zu überführen.

Ein guter Kommunikator sollte in der Lage sein, herauszufinden, was sein Gegenüber mit sprachlichen Aussagen präzise ausdrücken möchte. Aus diesem Grunde ist es sehr wichtig, schnell Informationen über die Bedeutung von Aussagen zu erhalten. Auf diese Weise können Sie mögliche Widerstände und Einwände anderer Personen herausfinden und diesen wirksam begegnen. NLP unterscheidet auf der vorsprachlichen Ebene drei verschiedene Modellbildungsprozesse, die sich sprachlich auswirken:

Tilgung

Selektive Wahrnehmung Relevante Erfahrungen werden nicht bewusst und führen möglicherweise zu unangemessenen Schlussfolgerungen (Bewertungen, Deutungen, Interpretationen). Tilgungen sind unerlässlich und überlebensnotwendig, um die in jedem Augenblick auf den Menschen einstürmende Flut von Signalen (etwa 11.000.000 Bit pro Sekunde bei einer bewussten Aufnahmekapazität von etwa 400 Bit pro Sekunde) gehirngerecht zu reduzieren. Anderseits können sie das Weltmodell und die Handlungsmöglichkeiten eines Menschen einschränken, das heißt zu unangemessenen, starren Landkarten führen, die die Orientierung in der Wirklichkeit durch Vereinfachung erschweren. Sprachlich stellen Tilgungen Leerstellen dar.

Verzerrung

In einem spezifischen Kontext erfahrene Informationen werden durch eigene Erfahrungen aus einem anderen Zusammenhang verändert. Verzerrungen sind überlebensnotwendige Bestandteile kreativer Aktivität, wie sie Einstein bei der Entwicklung der Relativitätstheorie wirksam angewendet hat. Im ungünstigen Fall zeigen sich Verzerrungen in wahnhaften Vorstellungen von der Wirklichkeit bei Schizophrenen.

Umgestaltung von Erfahrung

Generalisierung

Spezifische Erfahrungen werden auf Klassen von Erfahrungen übertragen oder aus Einzelerfahrungen wird auf alle Erfahrungen geschlossen. Nützlich sind Generalisierungen über Naturgesetze bei der Beherrschung der Natur für die Entwicklung des Menschen. Im ungünstigen Fall können Landkarten gebildet werden, die der Wirklichkeit nicht entsprechen (Phobien und neurotische Ängste).

Verallgemeinerung

In diesem Kapitel werden Sie auf dem Metamodell der Sprache basierende Kommunikations- und Fragetechniken kennen lernen mit dem Ziel, Informationen zu sammeln und vorhandene Begrenzungen und einschränkende Glaubenssätze zu erweitern (so genanntes Metamodellieren). Dadurch wird es Ihnen möglich, Tilgungen, Verzerrungen und Generalisierungen in der Sprache anderer zu erkennen und aufzulösen.

Informationssammlung

Um genaue Informationen über die Aussagen Ihres Gegenübers zu erfahren, spüren Sie sprachliche Leerstellen (Tilgungen) auf, die der untrainierte Zuhörer oft gar nicht
wahrnimmt und automatisch aus seiner eigenen Erfahrung
ergänzt, ohne sich dessen bewusst zu sein. Diese Informationslücken verbergen sich hinter einer unpräzisen sprachlichen Ausdrucksweise. Gehen Sie bei der Anwendung so
vor:

- Zunächst identifizieren Sie Schlüsselwörter, die Ihnen
  anzeigen, dass wesentliche Informationen in den Äußerungen Ihres Gesprächspartners fehlen.
- Dann stellen Sie präzise Fragen, um die sinnesspezifischen
  Daten zu erhalten, die Sie benötigen.

Durch intensives Training in der Wahrnehmung der unten
beschriebenen Schlüsselwörter und Einüben genauer Fragen
fördern Sie Ihre präzise Ausdrucksweise, was Ihnen langfristig persönlichen Nutzen in der Kommunikation bringen
wird.

Nominalisierungen sind Verben oder Adjektive, die der
Sprecher zu Substantiven verwandelt. Die Wirkung dieser
Verwandlung besteht darin, dass der gesamte Prozess und die
damit verbundenen Handlungsmöglichkeiten verschwinden.
Der Sprecher blockiert seine Handlungen und tilgt wichtige
Informationen. Als einfachen Test für das Vorhandensein
einer Nominalisierung können Sie sich die Frage stellen, ob
Sie die Sache in eine Schubkarre legen könnten. Handelt
es sich um eine Nominalisierung (zum Beispiel „die Kommunikation"), so ist dies nicht möglich.

Beispiel: *„Wir müssen unsere Kommunikation verbessern!"*
Machen Sie dem Sprecher die eigene Beteiligung klar:
„Wer kommuniziert was mit wem?", „Wie sollten wir Ihrer

Meinung nach miteinander kommunizieren?", "Was genau meinen Sie mit Kommunikation?"

Durch die Beantwortung Ihrer Fragen wird seine Deutung dem Sprechers erkennbar, sodass ihm zusätzliche Handlungsmöglichkeiten offen stehen.

Unspezifische Verben sind Verben, die nur dann verständlich sind, wenn der Sprecher seiner Aussage weitere Informationen hinzufügt.

Unspezifische Verben hinterfragen

Beispiel: *"Dieser Verkäufer hat mich nicht gut beraten."* Erfragen Sie die fehlenden Informationen: "Was verstehen Sie unter schlechter Beratung?", "Was hat er getan?", "Wie genau hat er Sie beraten?"

Auflösen von Glaubenssätzen

In den ersten Jahren seiner Anwendung konzentrierte sich NLP auf Veränderungen des Verhaltens und die Verbesserung der Kommunikation. Erfolgreiche Therapeuten (Satir, Perls, Erickson) wurden modelliert, auf der Basis der Erkenntnisse über die Struktur effektiver Kommunikationsmodelle wurde eine Reihe von Konzepten für die Praxis entwickelt.

Dann stellten die NLP-Entwickler fest, dass diese Modelle nicht immer und nicht bei jedem funktionierten. Es gab erfolgreiche und weniger erfolgreiche Klienten. Es zeigte sich, dass der Unterschied darin bestand, dass die angestrebten Veränderungen in das Weltmodell des Klienten passten oder nicht. Speziell Robert B. Dilts befasste sich mit den Mustern, die zur Aufrechterhaltung einschränkender innerer Landkarten wesentlich beitrugen und gleichzeitig verhinderten, dass die Klienten neue Verhaltensweisen ausprobierten oder übernahmen. Dilts nannte diese Muster "Glaubenssätze".

Glaubenssätze als Widerstand gegen Veränderung

> Glaubenssätze sind nicht überprüfbar und leiten deshalb
> unser Denken und Handeln als sich selbst erfüllende
> Prophezeiungen.

Beispiel:
Können Leichen
bluten?

NLP unterscheidet nützliche und limitierende Glaubenssätze.
Diese Bewertung kann nur im Hinblick auf ein Ziel erfolgen.
Die Hartnäckigkeit, mit der manche Menschen an limitieren-
den Glaubenssätzen festhalten, beschreibt die Geschichte eines
Patienten, der sich für eine Leiche hielt. Nach jahrelangen
Sitzungen kam sein Psychiater auf die Idee, den Patienten
durch Logik zu überzeugen. Er fragte ihn, ob Leichen bluten
könnten. Der Patient verneinte dies und behauptete, dass
eine Leiche nicht bluten könne. Daraufhin nahm der Therapeut
eine Nadel und stach sie dem Patienten in den Finger. Dieser
betrachtete den Finger, schaute den Psychiater an und sagte:
„Ich habe mich wohl geirrt. Leichen bluten ja doch!"

Nützliche Glaubens-
sätze als Wahr-
nehmungsfilter

Nützliche Glaubenssätze wirken ebenfalls als Wahrneh-
mungsfilter und sich selbst erfüllende Prophezeiungen, nun
allerdings im positiven Sinne als starke Erwartungen und
Stützen des Selbstwertgefühls, das heißt als Motivatoren.
Nützliche Glaubenssätze müssen der bewussten Kontrolle
unterliegen und im Hinblick auf angestrebte Ziele überprüft
werden. Das heißt, es treten immer wieder Situationen ein,
in denen Erwartungen und Verhalten kritisch reflektiert, neu
bewertet und korrigiert werden müssen. Die Landkarte muss
an das Gebiet angepasst werden. Dieser Unterschied macht
die Differenz zum nur positiven, oft wirklichkeitsfremden
Denken aus, das Illusionen erzeugt und an diesen wider alle
Erfahrungen festhält.

Glaubenssätze durch
Fragen auflösen

Mithilfe von Fragen können Sie einschränkende Glaubenssätze identifizieren und mithilfe sprachlicher Umdeutung
durch nützliche Überzeugungen ersetzen.

Häufig äußern Menschen einschränkende Glaubenssätze in Form von Regeln. Modaloperatoren der Notwendigkeit wie „sollen", „dürfen", „müssen", „können" usw. deuten auf solche Einschränkungen hin. Lernen Sie, auf solche einschränkenden Aussagen zu achten und zu überlegen, inwiefern der Standpunkt des anderen durch die Aussage eingeschränkt wird. In der Regel besteht die Einschränkung nur in der Vorstellung des Sprechers.

Modaloperatoren der Notwendigkeit

Beispiel: *„Das kann ich unmöglich durchsetzen."*
Finden Sie den Glauben hinter der Einschränkung heraus: „Was würde geschehen, wenn Sie X tun würden?", „Was hält Sie davon ab, X zu tun?", „Können Sie sich an eine Situation erinnern, in der Sie X getan haben?"

Universalquantifikatoren sind Verallgemeinerungen, mit denen vergangene Erfahrungen auf alle zukünftigen Erfahrungen übertragen werden. Sie deuten ebenfalls auf Glaubenssätze hin. Die Wörter „keiner", „niemand", „alle", „alles", „jeder", „immer" sind Universalquantifikatoren.

Universalquantifikatoren

Beispiel: *„Ihr Verkäufer seid doch alle gleich!"*
Lösen Sie die Verallgemeinerung auf: „Können Sie sich an eine Situation erinnern, in der ein Verkäufer anders gehandelt hat?" Überziehen Sie die Aussage ins Extreme: „Jeder? Alle? Keiner? Nie?" „Es sind also alle Verkäufer zur jeder Zeit immer genau gleich? Ist das richtig?"

NLP bietet durch das Metamodell noch viele weitere Möglichkeiten zur Informationssammlung und zur Auflösung oder Veränderung limitierender Glaubenssätze. Die damit verbundenen Techniken sind jedoch zu umfangreich, um sie in diesem Buch zu behandeln. Wenn Sie sich mit dem Thema Sprache noch intensiver auseinander setzen möchten, empfehle ich die Lektüre des Buches *Metasprache und Psychotherapie* von Richard Bandler und John Grinder.

Das Metamodell als zentrales Sprachmodell des NLP

Patientenbeispiel:
Wozu sind Leichen
noch fähig?

Die Geschichte des Patienten hat übrigens noch eine Variante. Nach der Sitzung sagt der Therapeut zur „Leiche": „Sie haben Recht, Leichen können bluten. Und ich bin gespannt, wozu Leichen noch alles fähig sind!"

Glaubwürdigkeits- und Zugänglichkeitsmuster

Die Sprachmuster einer Person lassen sich als ein Band darstellen, an dessen einem Ende „Glaubwürdigkeit" und an dessen anderen „Zugänglichkeit" steht. Man spricht hier von „Glaubwürdigkeitsmuster" und „Zugänglichkeitsmuster".

Kompetent und glaubwürdig

Das Glaubwürdigkeitsmuster wird als männlicher empfunden; es ist gekennzeichnet durch eine ruhige, tiefe Stimme. Die Intonation am Ende eines Satzes bewegt sich nach unten, sodass der Satz wie eine Tatsache ausgesprochen wird. Typische Redewendungen sind: „Man hat herausgefunden, dass …" oder: „Es wurde in einer Studie nachgewiesen, dass …". Der Sprecher benutzt wenig Gesten, Argumente unterstreicht er durch einen starren Zeigefinger oder verschränkte Arme. Das Glaubwürdigkeitsmuster ist hilfreich, um Kompetenz und Unnachgiebigkeit sowie Sicherheit zu vermitteln. In öffentlichen Gruppen dominieren meistens Personen, die das Glaubwürdigkeitsmuster besonders gut beherrschen.

Schneller Aufbau guter Beziehungen

Das Zugänglichkeitsmuster ist hingegen besonders geeignet, schnellen Rapport, also harmonische Beziehungen (siehe Kapitel „Rapport", Seite 68), aufzubauen. Es gilt als eher weiblich. Es ist gekennzeichnet durch häufiges Kopfnicken. Die Stimme bewegt sich am Ende eines Satzes auf eine Weise nach oben, dass der Satz ein fragendes Element erhält. Die Stimme ist rhythmisch und betont. Häufig verwendete Wörter sind „wir" „uns" oder „zusammen".

Im beruflichen Bereich ist die angemessene Verwendung und Beherrschung der Muster entscheidend für die situative Wirkung einer Person. Ein Verkäufer nutzt beispielsweise das Zugänglichkeitsmuster, um schnellen Rapport aufzubauen, während er bei der Nutzenargumentation in das Glaubwürdigkeitsmuster wechselt. Der Schlüssel für die bewusste Verwendung dieser Muster liegt in der Haltung des Kopfes beim Sprechen, da die Haltung des Kopfes die Intonation beeinflusst.

Muster bewusst verwenden

Das Glaubwürdigkeitsmuster wird erzeugt, indem der Kopf beim Sprechen ruhig gehalten und am Ende einer Aussage nach unten gesenkt wird. Das Zugänglichkeitsmuster wird erzeugt, indem der Kopf beim Sprechen nickt und am Ende einer Aussage nach oben schwingt.

Nutzt eine Führungskraft das Glaubwürdigkeitsmuster, um einen Mitarbeiter zu loben, so wird das Lob so wahrgenommen, als ob es aus der Position eines Vorgesetzten und nicht von der Person selbst kommt. Beachten Sie hierzu die folgenden Regeln:

Verhältnis Vorgesetzter – Mitarbeiter

- Zu Beginn einer Anstellung können Sie einen Mann durch Komplimente aus der hierarchischen Position (Glaubwürdigkeit) motivieren.
- Eine Frau ist mehr motiviert durch Komplimente von der Person (Zugänglichkeit).
- Je länger Sie mit jemandem zusammenarbeiten, desto mehr wird der Mitarbeiter motiviert, wenn Sie als Vorgesetzter das Kompliment im Zugänglichkeitsmodus erteilen.
- In vielen Organisationen wird negatives Führungsverhalten eher akzeptiert, wenn die Person selbst einen schlechten Tag hat. Wenn Sie später eine Entschuldigung

anbieten, ist es besser, wenn Sie diese als Person und nicht aus der Position des Vorgesetzten ausdrücken.

Übung: Bewusst glaubwürdig oder bewusst zugänglich

Stellen Sie sich vor einen Spiegel und versuchen Sie, einen beliebigen Sachverhalt einmal besonders glaubwürdig und einmal besonders zugänglich darzustellen. Finden Sie dabei heraus, in welchem Modus Sie sich persönlich am wohlsten fühlen. Üben Sie dann bevorzugt den gegenteiligen Modus, damit Sie hier in Zukunft flexibler reagieren können. Prüfen Sie kritisch, ob Sie selbst von Ihrer Darstellung überzeugt sind. Prüfen Sie auch, wie anziehend und zugänglich Sie selbst wirken. Wenn Sie die Übung mehrfach durchgeführt haben, üben Sie nach Möglichkeit mit einer Gruppe, um die Wirkung auf andere Personen zu erfragen und die eigenen Fähigkeiten noch mehr zu erweitern.

Verkäufer können diese Übung speziell auf ihre Produkte anpassen. Üben Sie eine zugängliche Vorstellung und eine glaubhafte Vorstellung Ihrer Produkte oder Dienstleistungen beim Kunden.

---

3. Repräsentations-systeme

Grundlagen

Das Konzept der *Repräsentationssysteme (RS)* beschreibt, wie der Mensch seine Sinne zur Aufnahme und Verarbeitung von Informationen aus der Umwelt benutzt.

Im NLP werden dabei fünf Wahrnehmungskanäle unterschieden:

Fünf Sinne

- *(V)* visuell (sehen)
- *(A)* auditiv (hören)
- *(K)* kinästhetisch (tasten, fühlen, empfinden)
- *(O)* olfaktorisch (riechen)
- *(G)* gustatorisch (schmecken)

Jedes RS ist so organisiert, dass es die Aspekte der Informationen, zu deren Aufnahme es existiert, bestmöglich repräsentiert. Oft haben Menschen nur deshalb Probleme, weil sie ein Erlebnis in einem dafür nicht geeigneten RS repräsentieren. So entstehen beispielsweise Rechtschreibprobleme im Deutschen, weil jemand versucht, Wörter nach Gehör (anstelle einer visuellen Erinnerung) zu schreiben (Beispiel: „Frequenz" wird zu „Frekwenz").

Probleme durch unangemessenes RS

NLP nutzt die Erkenntnis, dass es äußerlich sichtbare Zugangshinweise gibt, die zeigen, in welchem Wahrnehmungskanal ein Gesprächspartner gerade Informationen verarbeitet. Das Konzept der RS und seine Anwendung bilden die Grundlage jeder effektiven Kommunikation mit Vorgesetzten, Mitarbeitern und Kunden, speziell

- im Verkauf,
- bei Meinungsverschiedenheiten, Konflikten, Entscheidungsprozessen,
- bei der Suche nach Lösungen für unternehmensinterne Probleme, speziell zur Überwindung kreativer Blockaden,
- bei der Organisation von Wissensvermittlung, Schulungen,
- bei Planungsprozessen.

RS ist Grundlage des NLP Da die Verarbeitung von Informationen durch die fünf Sinne grundlegend für jede Art der Kommunikation ist, findet sich das Konzept der RS als Basis in allen NLP-Techniken wieder.

> **Das Konzept der RS nimmt eine zentrale Position im NLP-Modellbildungsprozess ein, sowohl als Modell für die Erklärung menschlicher Landkarten (innerer Vorstellungen von der Welt) als auch als unverzichtbare Grundlage für alle NLP-Interventionen.**

Sprachgebrauch Ein Teil dieses Kapitels wird sich daher mit Definitionen und formalen Erklärungen befassen. Diese sind wichtig, um Ihnen zu helfen, den Sprachgebrauch des NLP zu verstehen und eine Wissenssystematik aufzubauen.

Eingeschränkte Verwendung von RS

Als man Richard Bandler fragte, ob man NLP auch mit Blinden und Tauben machen könne, war er sehr überrascht und sagte: „Oh, das tun wir doch die ganze Zeit."

Lösungen in anderen RS Eine wichtige Erkenntnis des NLP besteht darin, dass Problemlösungen häufig in einem anderen RS gefunden werden müssen als in dem RS, in dem eine Person das Problem beschreibt und erlebt.

Ebenfalls führt die eingeschränkte Verwendung eines RS häufig dazu, dass ein Klient für Außenstehende offensichtliche Problemlösungen einfach nicht wahrnehmen kann, sodass er eine angebotene Lösung auch dann nicht annimmt, wenn sie zweifellos sein Problem lösen hilft.

Blinde Flecken

Beispiele aus der Natur

Auch in der Natur finden sich Beispiele dafür, dass die Spezialisierung auf ein RS zu möglichen Problemen führt.

So nutzt ein Frosch seine visuelle Wahrnehmung zum Beutefang. Dabei ist er darauf spezialisiert, Größe und Bewegung eines Objektes blitzschnell zu erkennen. Auf diese Weise ist er in der Lage, lebende Insekten zu fangen. Da er andere RS zur Erkennung von Beutetieren nicht nutzen kann, muss ein Frosch verhungern, selbst wenn er umgeben ist von toten Beutetieren.

Visuelle Wahrnehmung bei Fröschen

Ein Frosch ist nicht fähig, langsam fortschreitende Temperaturveränderungen wahrzunehmen. Wirft man einen Frosch in ein Becken mit sehr warmem Wasser, so versucht der Frosch – alarmiert durch die schnelle Temperaturveränderung –, das Becken sofort panikartig zu verlassen. Erhitzt man das Wasser jedoch sehr langsam, bleibt er im Becken, bis die Temperatur für ihn nicht mehr erträglich ist, und er stirbt.

Wahrnehmung von Temperaturveränderungen

Eine andere Spezies – die Ameisen – ist hoch spezialisiert auf Gerüche. Ameisen nutzen das olfaktorische RS, um sich im Ameisenbau zu orientieren. Tote Artgenossen werden ausschließlich über den Verwesungsgeruch wahrgenommen und aus dem Bau getragen, sobald die Verwesung einsetzt. Bestreicht man nun eine Ameise mit dem Geruch einer toten Ameise, so wird diese von den anderen Ameisen trotz heftiger Gegenwehr immer wieder aus dem Bau getragen. Die Ameise wird versuchen, wieder in den Bau zu gelangen, und wird so lange wieder hinausbefördert, bis der Geruch verflogen ist.

Olfaktorische Wahrnehmung bei Ameisen

Alle drei Beispiele haben eines gemeinsam: Die Spezialisierung auf ein RS führt zu Problemen, deren Lösung nicht wahrgenommen wird.

Beispiele aus dem Berufsleben

Lob wird nicht wahrgenommen *Ähnlichen Erfahrungen begegnet man oft auch im Berufsleben. So kommt es häufig vor, dass Kollegen oder Vorgesetzte ausgesprochenes Lob oder Tadel einfach nicht wahrnehmen. Zeigt man diesen Personen jedoch deutlich sichtbar Lob oder Kritik oder teilt es schriftlich mit, reagieren die Betreffenden sofort darauf.*

Probleme im Verkauf *Manche Menschen neigen dazu, nonverbale Signale nicht wahrzunehmen. So merken einige Verkäufer nicht, wenn sich ein Kunde bereits – durch Körpersignale deutlich sichtbar – aus einem Verkaufsgespräch zurückzieht.*

Eingeschränkte Wahrnehmung in Konflikten *Kritisch wird diese eingeschränkte Wahrnehmung vor allem, wenn Konflikte auftreten. Häufig sind Personen dann nur über einen – bevorzugten – Wahrnehmungskanal zu erreichen. Nutzen zwei Konfliktparteien nun jeweils ein anderes RS, ist eine Verständigung zwischen beiden Parteien nahezu unmöglich.*

Gegenseitiges Missverstehen *Die Verwendung und Beachtung unterschiedlicher RS birgt ein hohes Konfliktpotenzial. Ein auf visuelle Wahrnehmungen fixierter Vorgesetzter wird möglicherweise von allen Angestellten verlangen, dass diese ständig einen aufgeräumten Schreibtisch vorzeigen können und mit Anzug und Krawatte im Büro erscheinen. Hingegen nimmt er berechtigte Argumente der Mitarbeiter über betriebliche Belange nicht wahr oder überhört diese einfach.*

In solchen Fällen entsteht häufig sehr schnell ein starker Vertrauensbruch (siehe Kapitel „Rapport", Seite 68), den beide Seiten hilflos betrachten, da keiner die Wahrnehmungen des anderen verstehen und nachvollziehen kann.

Die drei wichtigsten RS (VAK)

In einem undurchdringlichen Urwald begegnet ein Lahmer einem Blinden. Beide sind nicht in der Lage, sich ohne fremde Hilfe fortzubewegen. Der Blinde kann Hindernisse und Gefahren nicht erkennen und keine Nahrung finden. Der Lahme ist fähig, Gefahren und Hindernisse wahrzunehmen, kann sich jedoch nicht bewegen. Trotzdem kommen beide sicher aus dem Urwald heraus, nachdem sie sich einigen, dass der Blinde den Lahmen auf seinem Rücken durch den Wald tragen und sich dabei von ihm führen lassen wird. Durch die gute Hörfähigkeit des Blinden können sie eine menschliche Siedlung lokalisieren und sich sicher dorthin begeben.

Der Lahme und der Blinde

Voraussetzung für die erfolgreiche Zusammenarbeit ist für beide der Austausch von Informationen durch Sprache. Würden beide unterschiedliche Sprachen sprechen, wäre eine Verständigung schwierig, unter Umständen gar nicht möglich.

Informationsaustausch durch Sprache

Um Probleme wirksam bearbeiten und lösen zu können, ist es wichtig, dass alle drei Haupt-RS (sehen, hören und fühlen = VAK) zur Problemlösung genutzt werden. Häufig klagen Personen über ein „ungutes Gefühl", welches sie in bestimmten Situationen erleben. Die Ursache für das Gefühl können sie jedoch nicht benennen, da es durch unbewusste Informationen in einem nicht wahrgenommenen RS verursacht wird. So kommt es vor, dass ein Verkäufer mit hoher Bestimmtheit sagen kann, ob ein Abschluss zustande kommt. Befragt man ihn nach seinen Kriterien, so kann er oft nicht angeben, womit er die Sicherheit seiner Vorhersage begründet. Erlernt eine solche Person, ihre RS umfassender zu nutzen, so zeigt sich oft, dass die Sicherheit durch bestimmte Reaktionen des Kunden entstanden ist. Mögliche Reaktionen können sein:

Problemlösung durch alle RS

▨ Veränderung der Atmung,
▨ Veränderung der Stimmlage,

- häufiges oder selteneres Blinzeln,
- Veränderung der Sprechgeschwindigkeit,
- Veränderung der Lautstärke oder Betonung,
- Änderung der Körperhaltung,
- Veränderungen des Blickkontaktes,
- Änderungen der Hautfarbe.

Wichtig für Verkäufer
Durch die Wahrnehmung spezifischer Reaktionen ist der Verkäufer in der Lage, flexibler auf Reaktionen des Kunden zu reagieren und Abschlüsse sicher durchzuführen.

Wichtig für Vorgesetzte
Vorgesetzte können auf diese Weise leichter erkennen, ob ein Mitarbeiter einem Gespräch innerlich zustimmt oder nur aufgrund der beruflichen Situation keine Einwände bringt.

Abholen in der eigenen Welt
Durch die Verbesserung der eigenen Wahrnehmungen ist es dem Verkäufer wie dem Vorgesetzten möglich, das Weltmodell des Kunden oder Mitarbeiters zu verstehen und zu akzeptieren, ihm dort zu begegnen und ihm bisher nicht zugängliche Informationen und Sichtweisen zu ermöglichen, über deren Nutzung der Kunde oder Mitarbeiter selbst entscheidet. Dies ist für beide auf lange Sicht von Nutzen und kann zu besserem gegenseitigen Vertrauen führen.

Modellbildungsprozesse
Menschen können die Realität nicht objektiv erkennen, denn alle Erfahrungen sind durch die fünf Sinne und die Sprache vermittelt. Sie schaffen sich mithilfe der RS unterschiedliche Repräsentationen der Welt, die nach Korzybski „Landkarten" genannt werden. Jeder Mensch hat eine andere Landkarte von der Wirklichkeit. Je mehr sich die Landkarten zweier Personen ähneln, desto effektiver können sie miteinander kommunizieren. Und je angemessener (im Sinne einer Passung) die Landkarten die Realität beschreiben, desto effektiver sind die Verhaltensweisen im Hinblick auf ein Ziel. Verhalten ist in diesem Modell „das Ergebnis systema-

tisch geordneter Reihenfolgen von sinnesspezifischen Repräsentationen." Die Angemessenheit einer Karte wird mit dem Begriff „Wohlgeformtheit" umschrieben.

Wirkprinzipien

Gehirnforscher haben nachgewiesen, dass Reize aus der Außenwelt als gleichförmige, ununterscheidbare Impulse intern codiert und durch Sinnes- und Nervenzellen von der Peripherie zum zentralen Nervensystem geleitet werden. Je nach Gehirn-Areal, welches die Signale erreichen, werden sie als Sehen, Hören, Fühlen, Riechen oder Schmecken interpretiert. Das Gehirn orientiert sich also an seiner eigenen Struktur, um zu verlässlichen Informationen zu gelangen.

Gehirnstruktur beeinflusst Wahrnehmung

Das Gehirn konstruiert Informationen durch Interaktionen zwischen eintreffenden Signalen und bereits gespeicherten Bedeutungen. Die nach außen gerichteten Verbindungen machen dabei nur einen Anteil von 0,1 Prozent aller neuronalen Prozesse aus. Dabei kann das Gehirn nicht zwischen Außenreizen („Wirklichkeit") und Innenreizen („Vorstellungen") unterscheiden.

Gleichwohl halten Menschen manche sinnesspezifischen Erfahrungen für „wirklicher" als andere und Informationen, die aus ihnen abgeleitet werden, erscheinen als bedeutsamer als andere. Diese Bewertung wird aber aus der Zusammenarbeit vorwiegend interner Prozesse im Geiste konstruiert.

Der Geist konstruiert die Wirklichkeit

NLP differenziert das subjektive Erleben des Menschen in fünf Wahrnehmungsbereiche: visuell, auditiv, kinästhetisch, olfaktorisch, gustatorisch (VAKOG). Die Sprache kann als sechstes RS bezeichnet werden; sie ist ein Meta-RS, das heißt zwei Schritte oder Abstraktionsstufen von der Wirklichkeit entfernt (Repräsentation von Repräsentationen). In der

Sprache als sechstes RS

Sprache lassen sich die Erfahrungen und Wahrnehmungen aus den anderen RS beschreiben.

Alle Unterscheidungen, die Menschen in Bezug auf ihr Verhalten und die Umwelt treffen, können sinnvoll mithilfe der RS dargestellt werden. Unsere gesamte Erfahrung wird in der Form codiert, dass sie aus Kombinationen dieser Wahrnehmungsklassen besteht.

Wahlmöglichkeiten Verhalten ist das Ergebnis geordneter Reihenfolgen von sinnesspezifischen Repräsentationen. Menschen wirken über die RS auf ihre Umwelt ein. Sind bestimmte Erfahrungen nur eingeschränkt innerhalb eines RS beziehungsweise nicht in allen RS repräsentiert, hat der Mensch ein „verarmtes Modell der Welt" und verfügt auf Basis dieser eingeschränkten Informationen nur über wenige oder gar keine Wahlmöglichkeiten. Sein Verhalten läuft immer wieder – unflexibel – nach dem gleichen Muster ab.

RS liegen an der Wurzel komplexer Prozesse wie Wissen, Denken, Kommunikation, Entscheidungen usw. Auch Fähigkeiten, Überzeugungen, Emotionen sind Ausdruck direkter Kreuzverbindungen zwischen „neuronalen Repräsentationskomplexen".

Das Gehirn unterscheidet nicht Das Modell der RS kann auf nützliche Weise in Therapie und Kommunikation sowie beim Lernen angewandt werden. Es reflektiert, dass das Gehirn nicht zwischen externen und internen Signalen unterscheiden kann und Bedeutungen und Bewertungen sich aus der Kombination spezifischer Repräsentationen bilden.

Grundbegriffe
■ *Synästhesien*
Synästhesien bezeichnen die gleichzeitige Verwendung von zwei oder mehreren RS. Sie können wahrgenommen

werden an einer Kombination von Prädikaten aus verschiedenen RS („Ich sehe, was du fühlst.") und an Abweichungen zwischen Prädikaten und Augenzugangshinweisen (siehe Seite 59).

■ *Strategien*
Strategien sind eine Abfolge von RS, die so angeordnet sind, dass ein bestimmtes Ziel erreicht wird. Sie werden im Kapitel „Strategien" (siehe Seite 110) genauer behandelt.

■ *Primäres RS*
Das primäre RS ist der Wahrnehmungsbereich, dessen Prozesse einem bestimmten Menschen zu einem bestimmten Zeitpunkt am stärksten bewusst sind. Es ist das bevorzugte RS und wird hauptsächlich benutzt, um Informationen aufzunehmen. Manche Menschen haben in verschiedenen Kontexten verschiedene primäre RS, sodass es unangemessen ist, von visuellen, auditiven oder kinästhetischen Typen zu sprechen. So kann es beispielsweise sein, dass eine Person im Privatleben Informationen kinästhetisch aufnimmt und im Berufsleben nahezu ausschließlich auditive Informationen am Telefon verarbeitet.

Sie erkennen das primäre RS eines Menschen vorwiegend an den sprachlichen Prädikaten, mit denen er seine vorsprachlichen Erfahrungen wiedergibt; auch nonverbale Signale geben über das primäre RS Aufschluss (siehe „Augenzugangshinweise", Seite 59). Die Kommunikation mit einem Menschen ist am effektivsten und einfachsten, wenn Sie seine Prädikate benutzen (so genanntes Matching). Achtung: In Konflikt- und Stresssituationen sind wir nur über unser primäres RS erreichbar. Dies ist besonders für Verkäufer und Führungskräfte wichtig zu wissen, wenn sie selbst unter Stress stehen.

■ *Leitsystem*
Das Leitsystem ist das RS, mit dessen Hilfe sich ein Mensch Informationen zugänglich macht. Das Leitsystem können Sie vor allem an den Augenzugangshinweisen (siehe Seite 59) erkennen. Stellen Sie einer Person eine

Reihe von Fragen und bemerken dabei, dass die Person zur Beantwortung jedes Mal in die gleiche Richtung schaut, so ist dies ein deutliches Zeichen für das Vorhandensein eines Leitsystems.

◼ *Referenzsystem*

Das Referenzsystem ist das RS, in dem ein Mensch im Rahmen interner Tests Entscheidungen trifft (wichtig – unwichtig, richtig – falsch usw.). Als Referenzsystem wird häufig das kinästhetische System verwendet, dies erkennen Sie an Formulierungen wie: „Ich habe ein gutes Gefühl bei dieser Entscheidung!" Besonders für Verkäufer, die ihren Kunden zu Entscheidungen verhelfen möchten, ist die Kenntnis des Referenzsystems wichtig.

Wenn Sie wissen, in welchem RS Ihre Kunden eine Entscheidung treffen, können Sie durch Verwendung der richtigen Prozesswörter und Bereitstellung der richtigen Informationsquellen (zum Beispiel Prospekte bei visuellem Referenzsystem) die Entscheidungsfindung besser unterstützen.

VAKOG-Wörterbücher

Sprache und innere Repräsentation

Während der Kommunikation ist es sinnvoll, Wörter den entsprechenden RS zuzuordnen. Die Verwendung spezifischer Wörter in der Sprache Ihres Gegenübers lässt Rückschlüsse auf die Form der inneren Repräsentationen zu. Letztendlich kann ein Mensch nur das sprachlich ausdrücken, was er vorher gedacht hat. Daher bringt er innere Bilder, Töne oder Gefühle eben durch entsprechende Wörter zum Ausdruck. Das primäre RS ist so in der Regel schnell zu ermitteln. Nicht immer lässt sich eine solche Zuordnung eindeutig treffen. Nicht das einzelne Wort ist ausschlaggebend, sondern die Mehrzahl der benutzten Wörter, vor allem der Verben.

Auch Synästhesien lassen sich über Sprache erkennen. Der Sprecher drückt Synästhesien als Kombination von Prozessverben aus, zum Beispiel „der kühle Klang des Motors" (kühl = kinästhetisch, Klang = auditiv).

Wenn Sie in einem Gespräch das primäre RS Ihres Gegenübers erkennen und Ihre Aussagen so formulieren, dass sie dem verwendeten RS des Gesprächspartners entsprechen, steigern Sie Ihre persönliche Flexibilität. Ihrem Gegenüber wird es dann leichter fallen, Ihren Ausführungen zu folgen und dazu eigene innere Vorstellungen zu entwickeln. Üben Sie deshalb regelmäßig, anhand der Sprache Ihrer Mitmenschen auf das verwendete RS zu schließen. Hierzu finden Sie im Folgenden Beispiele aus verschiedenen „Wörterbüchern" der Repräsentation.

Flexibler auf andere reagieren

Das V-Wörterbuch

Visuelle Begriffe und Ausdrücke wie „Das sehe ich ein", „Das ist sonnenklar", „ein leuchtendes Beispiel" deuten auf visuelle Vorgänge hin. Wenn Sie unsicher sind, welchem RS ein Begriff zuzuordnen ist, versuchen Sie eine eigene innere Repräsentation zu bilden. Können Sie sich ein Bild zu einer Aussage vorstellen, so handelt es sich meist um eine visuelle Repräsentation. Sind Sie nicht sicher, können Sie durch geeignete Rückfragen Ihre Vermutungen überprüfen.

Das A-Wörterbuch

Auditive Repräsentationen erkennen Sie an Formulierungen, die etwas mit Klang oder Sprache zu tun haben. Häufig benutzte Begriffe und Redewendungen sind: „Das kling gut", „Das hört sich vernünftig an" oder „Was sagst du dazu?".

Das K-Wörterbuch

Kinästhetische Redewendungen drücken Gefühle aus. Hierher gehören Wendungen wie: „Das begreife ich", „Da habe ich ein gutes (Bauch-)Gefühl", „Da fühle ich mich unsicher".

Finden Sie selbst weitere Redewendungen und Begriffe, die einen eindeutigen Rückschluss auf das verwendete RS zulassen.

Unspezifische Wörter Häufig verwenden Menschen unspezifische Prozesswörter, die keinen eindeutigen Schluss auf das verwendete RS zulassen. Die Sprache selbst wird dann als etwas trocken (oder sachlich) empfunden. Zu dieser Art von Aussagen zählen beispielsweise: „Ich bin anderer Meinung", „Ich habe eine Feststellung getroffen", „Das kann ich mir nicht vorstellen". Alle Ausdrücke haben gemein, dass sie keinen eindeutigen Schluss auf ein spezielles RS zulassen. In diesem Fall versuchen Sie entweder selbst eine eigene Repräsentation zu bilden, um das RS zu erkennen, oder warten ab, bis Ihr Gegenüber Aussagen verwendet, die eine Schlussfolgerung erlauben.

Übung: Primäre Repräsentationssysteme identifizieren

Bei dieser Technik versuchen Sie, das primäre Repräsentationssystem Ihres Gegenübers durch die verwendeten Prozesswörter zu ermitteln. Wenn das Repräsentationssystem ermittelt ist, verwenden Sie selbst hauptsächlich Prozesswörter aus dem primären Repräsentationssystem Ihres Gesprächspartners. Diese Übung steigert Ihre Flexibilität im Umgang mit anderen Menschen. Sie wird Sie einflussreicher machen. Außerdem werden andere Menschen Ihnen leichter folgen können, und persönliche Beziehungen werden intensiver und besser.

Übung: Referenzsystem erkennen

Ermitteln Sie bei mindestens drei Personen, welches Referenzsystem diese verwenden. Stellen Sie hierzu entsprechende Fragen:

- Woran merken Sie, dass eine Entscheidung für Sie richtig ist?
- Wodurch wurde Ihre Entscheidung bezüglich X in der Vergangenheit beeinflusst? War es etwas, dass Sie gehört, gesehen oder gefühlt haben?

Nachdem Sie das Referenzsystem ermittelt haben, prüfen Sie die Wirksamkeit, indem Sie der anderen Person Informationen für die einzelnen RS anbieten und nachfragen, inwiefern diese helfen, eine Entscheidung zu treffen.

Augenzugangshinweise

Eine weitere Möglichkeit, auf das verwendete RS einer Person zu schließen, besteht in der Beobachtung der Augenbewegungen. Die Richtungen der Augenbewegungen einer Person sind nämlich direkt mit den entsprechenden inneren Prozessen verkoppelt. Ein geschulter Beobachter kann dadurch beispielsweise sofort Rückschlüsse auf die fehlerhafte Verwendung eines RS ziehen. Bitten Sie eine Person, ein Wort rückwärts zu buchstabieren, so ist die visuelle Erinnerung die richtige Vorgehensweise. Gehen die Augenbewegungen jedoch in ein anderes RS, so verwendet die Person möglicherweise das falsche RS und wird mit der Übung Schwierigkeiten haben.

Die Augen als Spiegel der Seele

Beachten Sie, wenn Sie Augenzugangshinweise beobachten, dass hier starke individuelle Unterschiede vorherrschen. Was bei der einen Person ein deutlich sichtbarer Blickwechsel ist,

Sich auf andere einstellen

kann bei einer anderen Person vielleicht nur ein sehr kurzes, kaum merkbares Zucken der Augen sein. Deswegen ist es sehr wichtig, sich individuell auf jede Person einzustellen (kalibrieren).

Die folgenden inneren Prozesse werden durch Blickrichtungen ausgedrückt:

- V^k *Visuell konstruiert* (Augenbewegung nach oben rechts): Visuelle Konstruktion findet statt, wenn der Klient innere Bilder entwirft, die er bisher in der Wirklichkeit oder Vorstellung noch nicht wahrgenommen hat.
- Ve *Visuell erinnert* (Augenbewegung nach oben links): Der Klient erinnert sich an Bilder, die bereits im Gehirn gespeichert sind.
- A^k *Auditiv konstruiert* (Augenbewegung auf Ohrhöhe nach rechts): Der Klient entwirft die Vorstellung eines Klangbildes aus Worten, Tönen oder Stimmen.
- A^e *Auditiv erinnert* (Augenbewegung auf Ohrhöhe nach links): Der Klient erinnert sich an auditive Repräsentationen, die bereits im Gehirn gespeichert sind.
- K *Kinästethisch* (Augenbewegung nach unten rechts): Der Gesprächspartner spürt etwas, nimmt Gefühle und Emotionen wahr.
- A_{iD} *Innerer Dialog* (Augenbewegung nach unten links): Der andere spricht mit sich selbst oder lauscht einer inneren Stimme.

Damit ergeben sich beim normalen Rechtshänder die folgenden Augenzugangshinweise (aus der Blickrichtung des Betrachters gesehen):

Rechts   Links

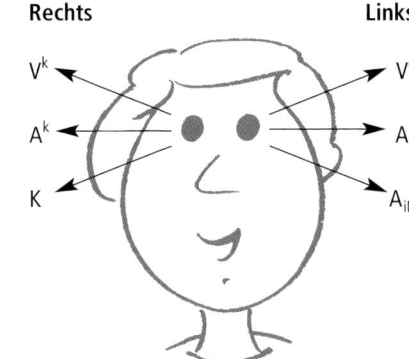

V^k ←   → V^e

A^k ←   → A^e

K A_{iD}

Übung: Leitsystem durch Augenzugangshinweise identifizieren

Stellen Sie einer anderen Person verschiedene Fragen und beobachten Sie die Augenbewegung als unmittelbare Reaktion auf die Frage. Das Leitsystem kann über die Augenbewegungen ermittelt werden, die der Gefragte direkt im Anschluss an eine Frage zeigt. Sie kennzeichnen den Moment der inneren Suche nach Informationen. Finden Sie auf diese Weise das Leitsystem unterschiedlicher Personen heraus. Sie haben dann eine klare Vorstellung davon, auf welche Art sich eine Person innerlich Informationen zugänglich macht.

4. Kongruenz

Kongruenz auf der Verhaltensebene

Ein Mensch, der auf andere charismatisch wirkt, der eine starke persönliche Ausstrahlung hat, erreicht dies durch kongruentes Verhalten.

> Eine Person gilt auf der Verhaltensebene als kongruent, wenn sie auf allen Outputkanälen die gleichen Botschaften vermittelt, und zwar sowohl in den Repräsentationssystemen als auch innerhalb einzelner Sinneskanäle.

Eine solche Person wirkt stimmig, authentisch. Sie zeigt Persönlichkeit.

Doppelbotschaften Inkongruenz liegt vor, wenn sich die Botschaften widersprechen oder nicht zusammenpassen. In diesem Fall wird die Person als verwirrt, unentschieden oder nicht vertrauenswürdig wahrgenommen. So sagt jemand verbal beispielsweise: „Ich bin fest entschlossen mich durchzusetzen!", seine schlaffe Körperhaltung und eine entsprechende Mimik jedoch signalisieren eher das Gegenteil.

Inkongruenz auf der Identitätsebene: die Satir-Kategorien

Die nach Virginia Satir benannten „Satir-Kategorien" sind universelle Reaktionsmuster, die Menschen gebrauchen, um in der Kommunikation mit anderen einer drohenden

Ablehnung zu entgehen. Die Reaktionsmuster entstehen als Überlebensstrategien oft in früher Kindheit, um Bedrohungen aus der Umgebung abzuwehren.

Kongruenz auf der Ebene der persönlichen Identität entsteht, wenn eine Person ihr Selbst, andere und den Kontext in Beziehungen berücksichtigt. Satir-Typen blenden jeweils eine oder mehrere dieser Ebenen aus. So können zwar die einzelnen Typen zueinander passende Botschaften in allen Outputkanälen aussenden, also auf der Verhaltensebene kongruent sein. Auf der Identitätsebene sind sie jedoch inkongruent, weil sie entweder ihr Selbst, andere oder den Kontext in allen Beziehungen ausklammern. Zu den Satir-Kategorien gehören „der Beschwichtiger", „der Ankläger", „der Rationalisierer" und „der Ablenkende". Hinter allen vier Verhaltensmustern verbergen sich innere Unsicherheiten, die auf jeweils unterschiedliche Art zum Ausdruck kommen.

Ausklammern von Selbst, anderen oder Kontext

Der Beschwichtiger *(Placator)*

Dieser Typ klammert sein Selbst in Beziehungen aus. Er will andere versöhnlich stimmen. Er spricht mit einschmeichelnder Stimme und sagt etwa: „Es ist in Ordnung, was Sie von mir fordern!" Er versucht anderen zu gefallen und entschuldigt sich häufig. Oft wird er als Jasager bezeichnet und gilt als nachgiebiger Verhandlungspartner. Er stimmt allem zu – egal, was er dabei fühlt oder denkt. Er spricht, als könnte er nichts für sich selbst tun. Typische Gedanken des Beschwichtigers sind: „Ich bin hilflos", „Ich bin nichts wert" oder: „Ich komme mir wie ein Nichts vor". Ein Beschwichtiger fühlt sich häufig verantwortlich, selbst wenn er auf bestimmte Geschehnisse keinen Einfluss hat. Kritik nimmt er leicht entgegen, und er fordert selten etwas für sich selbst. Er spricht mit einer hohen, weichen Stimme, da er durch seine Körperhaltung nicht genügend Luft für eine volle, sonore Stimme hat. Häufig erkennen Sie einen Beschwichtiger daran, dass er Ihrem Blick nicht lange

Versöhnlichkeit als Problemlösung

standhalten kann und Sie in jeder Situation durch zustimmendes Blinzeln in Verbindung mit einem süßen Lächeln begrüßt.

Der Ankläger *(Blamer)*

Angriff
zur Verteidigung

Der Ankläger zeigt jedem, dass er der Chef ist. Damit klammert er die anderen aus der Beziehung aus. Nonverbal zeigt er zum Beispiel dadurch, dass er wichtige Plätze einnimmt, dass er die Kontrolle haben möchte. Er handelt überheblich und wird schnell erregt und aggressiv. Er scheint zu sagen: „Wenn du nicht wärst, wäre alles in Ordnung!" Als Vorgesetzter sucht er bei seinen Mitarbeitern ständig nach Unzulänglichkeiten und trifft Aussagen wie: „Du arbeitest nicht gut genug, du machst dauernd Fehler!". Weitere typische Sätze sind: „Du tust das nie!" oder: „Du machst das immer" (Verwendung von Universalquantifikatoren). Ankläger sprechen mit einer harten, festen, lauten, oft schrillen Stimme. Sie beschuldigen, schimpfen und kritisieren alles. Sie verhalten sich tyrannisch. Dabei nehmen sie Einwände von außen gar nicht wahr, sodass jede Diskussion oder Rechtfertigung unnötig ist. Der Körper des Anklägers ist angespannt. Er atmet schnell, beim Anklagen treten seine Augen hervor und der Hals schwillt an und wird rot. Der Blamer benutzt häufig den Zeigefinger, um beschuldigend auf andere zu deuten.

Der Rationalisierer *(Computer)*

Emotionslosigkeit
als Schutz

Der Rationalisierer lässt sein Selbst und andere unberücksichtigt. Er stützt sich in der Kommunikation ausschließlich auf Informationen und Logik, zeigt keine Emotionen. Er ist ruhig und gesammelt, ohne den Anschein eines Gefühls preiszugeben. Seine Stimme ist trocken, monoton und beziehungslos. Sie scheint abzusterben. Er bemüht sich, für seine Äußerungen die richtigen Formulierungen zu finden. Wichtig ist ihm, dass er keine Fehler macht. Er benutzt abstrakte Wörter, um sich den Anschein von Intelligenz zu geben. Dadurch verbirgt er seine Gedanken und Gefühle. Er fühlt sich leicht ausgeliefert. Seine Haltung ist durch Bewegungslosigkeit gekennzeichnet.

Der Ablenker *(Distractor)*

Was auch immer ein Ablenker tut, es hat keine Beziehung zu dem, was ein anderer sagt oder tut. Sein Selbst, andere und der Kontext spielen keine Rolle. Seine Worte ergeben häufig keinen Sinn. Der Ablenkende antwortet nie direkt auf eine Frage. Er ignoriert sie und reagiert mit einer Frage oder Beschreibung zu einem ganz anderen Thema. Die Stimme kann ein Singsang sein und passt oft nicht zu den Wörtern. Sie kann sich ohne Ursache auf und ab bewegen, weil sie auf nichts gerichtet ist. Innerlich fühlt sich der Ablenkende genauso schwindelig oder verschwommen, wie er spricht. Er weiß nicht, wo er hingehört. Er glaubt nicht, dass irgendjemand sich etwas aus ihm macht. Er leidet unter heftigen Gefühlen von Einsamkeit und Sinnlosigkeit. Wenn Sie einen Ablenker als Mitarbeiter haben, werden Sie immer wieder erleben, dass Sie auf eine einfache Frage trotz langer Diskussion keine Antwort erhalten. Fragen Sie einen Ablenker zum Beispiel, ob er einen Kunden bereits angerufen hat, wird er möglicherweise antworten: „Ich habe im Moment eine sehr wichtige Aufgabe zu erledigen, das ist sehr interessant …"

Ausweichen als Taktik

Im Berufsleben treten die Satir-Typen oft in folgenden Formen auf: Beschwichtiger neigen zur Nachgiebigkeit und Unterforderung von Mitarbeitern. Ankläger sind autoritär und arbeiten fast ausschließlich mit Vorwürfen, Druck und Sanktionen. Rationalisierer sind Besserwisser, haben oft emotionale Defizite, es fehlt an emotionalen Beziehungen. Ablenker bleiben unbeteiligt (laissez-faire), sie informieren andere nicht aus eigenem Antrieb und kümmern sich wenig um Untergebene und Kollegen.

Satir-Typen im Berufsleben

Kongruente Kommunikation

Kongruente Kommunikation ist im Berufsleben ausgesprochen wichtig, um effektiv und persönlich wirksam zu sein. Viele Disziplinschwierigkeiten und Motivationsprobleme sind Folgen der Unentschlossenheit und Inkonsequenz von Vorgesetzten und Verantwortlichen. Inkonsequenz und Unentschlossenheit sind Ausdruck von Inkongruenz in der persönlichen Kommunikation. Wenn sich der Sender einer Botschaft kongruent verhält, erreicht er sehr wahrscheinlich die Zustimmung des Empfängers. Kongruenz ist ein Weg, nonverbal zu vermitteln, dass Sie erwarten, dass etwas eintreffen wird.

Nach Satir kommuniziert ein Mensch kongruent, wenn er
- auf Fragen direkt antwortet, statt zuvor zu fragen: „Warum wollen Sie das wissen?",
- eigene Wünsche ohne langatmige Erklärungen formulieren kann,
- ehrlich „ja" oder „nein" sagt,
- zuerst Informationen ermittelt, bevor er ein Urteil fällt,
- Risiken eingeht,
- nicht vorgibt, alle Antworten zu kennen, und offen für neue Möglichkeiten ist,
- auf Intuitionen hört, um Lösungen zu finden.

Übung: Feststellen und Auflösen von Inkongruenzen

Diese Übung hilft Ihnen, bestehende Inkongruenzen auf der Verhaltensebene zu identifizieren. Sie können die Übung besonders gut durchführen, wenn Sie hierzu Personen in Fernsehtalkshows oder Interviews beobachten. Dabei achten Sie konzentriert auf widersprüchliche Botschaften zwischen verbalem und nonverbalem Ausdruck. Listen Sie die beobachteten Inkongruenzen auf. Üben Sie dies so lange, bis Sie Inkongruenzen automatisch erkennen können.

Von nun an beobachten Sie sich selbst. Achten Sie auf Inkongruenzen in Ihrem Verhalten. Stimmen Aussage und Tonfall bei Botschaften überein? Wie ist die Körperhaltung, der Blick, die Stimme? Analysieren Sie Ihre Inkongruenzen und listen Sie diese auf.

Vermindern Sie bestehende Inkongruenzen. Bringen Sie sich bewusst in Situationen, in denen Sie inkongruentes Verhalten aufzeigen. Fragen Sie sich, was das Verhalten bewirken soll und ob es in der entsprechenden Situation angemessen ist. Wenn es unangemessen ist, finden Sie eine angemessene Verhaltensweise und wenden Sie diese an. Bearbeiten Sie immer nur eine Inkongruenz auf einmal. Fahren Sie so lange fort, bis Sie mit dem Ergebnis zufrieden sind und sich die Anzahl widersprüchlicher Botschaften in bestimmten Situationen deutlich reduziert hat.

5. Rapport

Wie entsteht Vertrauen?

Vertrauen aufbauen Sind Sie schon einmal einem Menschen begegnet, der Ihnen auf Anhieb sympathisch war oder bei dem Sie das Gefühl hatten, diesen Menschen schon seit langem zu kennen? Vielleicht haben Sie ein ähnliches Gefühl auch schon bei anderen bewirkt? Der Begriff „Rapport" bezeichnet im NLP eine gegenseitige gute Beziehung, die durch Harmonie und Verständnis geprägt ist. Rapport können Sie bewusst herstellen. Damit sind Sie beispielsweise beruflich in der Lage, in Besprechungen oder Verkaufssituationen eine gute Beziehung zu Ihrem Gegenüber aufzubauen und dadurch einflussreicher und erfolgreicher zu werden. Häufig wird das Herstellen von Rapport auch als „Abholen einer anderen Person in ihrer Welt" bezeichnet, eine Eigenschaft, die für Verkäufer von größter Wichtigkeit ist und in jeder Interaktion eine gute Voraussetzung für den weiteren Verlauf darstellt. Der Aufbau von Rapport zählt zu den wichtigsten Grundfertigkeiten des NLP.

Rapport macht Sie sympathisch Rapport ist ein Hauptbestandteil jeder erfolgreichen Kommunikation. Wenn Sie zu Ihren Kunden Rapport herstellen, werden diese ein eigenes Interesse daran haben, dass Sie mit Ihrem Angebot erfolgreich sind. Gesprächspartner werden Ihnen generell besser zuhören, offener für Neues sein und Ihnen mehr entgegenkommen.

Gemeinsamkeiten finden Vertrauen entsteht immer dann, wenn wir Ähnlichkeiten zwischen uns und anderen Personen begegnen. Wenn wir bei neuen Kontakten feststellen, dass es gemeinsame Interessen gibt, so hilft das, sehr schnell eine gute Beziehung aufzubauen. Menschen suchen sich bewusst und unbewusst Partner und Kollegen, die ihnen ähnlich sind. Aufgrund gemeinsamer Interessen werden Vereine gegründet oder Firmen aufgebaut. Ähnlichkeiten geben Menschen den Eindruck, andere dächten wie sie, teilten die gleichen Interessen und hätten ein ähnliches Weltmodell. Auf diese Weise entsteht ein Gefühl der Sicherheit und Zuneigung.

Pacing zum Aufbau von Rapport

Wie können Sie zu einer fremden Person Rapport herstellen? Wie können Sie einem anderen vermitteln, dass Sie ihm ähnlich sind? Rapport stellen Sie her, indem Sie einen anderen Menschen pacen. „Pacing" bedeutet, sich dem sichtbaren Verhalten der anderen Person anzugleichen. Dadurch, dass Sie eine ähnliche Körperhaltung einnehmen und Ihre Stimme und Sprache an die Ihres Gesprächspartners anpassen, bauen Sie Rapport auf.

Verhalten spiegeln

Pacing ist ein angeborenes Verhalten, das wir automatisch in den verschiedensten Situationen anwenden. Mutter pacen beispielsweise die Ausdrucksweise von Säuglingen. Auf diese Weise kommunizieren sie mit ihren Kindern, bevor Kommunikation durch Sprache überhaupt möglich ist. Lächelt das Kind, so lächeln sie zurück und geben ähnliche Laute und nonverbale Signale von sich. Wird dem Säugling diese Art der Kommunikation entzogen, so reagiert dieser bald aggressiv, dann ängstlich und dauerhaft mit ernsthaften psychischen Störungen.

Pacing ist also bereits in der frühen Kindheit eine notwendige Komponente jeder Kommunikation. Dabei spielt es kaum eine Rolle, ob wir unbewusst oder wissentlich eine andere Person pacen, die Wirkung ist in der Regel ein tiefer Rapport.

Menschen reagieren auf Ähnlichkeiten

69

> **Pacing funktioniert, weil Ihr Gegenüber unbewusst positiv auf wahrgenommene Ähnlichkeiten reagiert.**

Zahllose Untersuchungen haben immer wieder bestätigt, dass Menschen stark darauf reagieren, wie etwas gesagt oder präsentiert wird. Der Inhalt selbst spielt eher eine geringe Rolle. Die stärkste Wirkung auf andere geht in der Regel von den Körperbewegungen aus, die Sie bei der ersten Begegnung machen (55 Prozent der Wirkung). An zweiter Stelle folgt die Art und Weise, wie Sie etwas sagen. Hierzu gehören die Betonung, die Lautstärke Ihrer Stimme und die Sprechgeschwindigkeit. Diese machen durchschnittlich 38 Prozent der Wirkung aus. Die sprachlichen Inhalte und die gewählten Worte selbst sind nur zu etwa 7 Prozent für die Wirkung verantwortlich. Um tiefen Rapport aufzubauen, ist es daher wichtig, das nonverbale Verhalten Ihres Gegenübers richtig zu pacen.

Natürlich und ungezwungen pacen

Achten Sie beim Pacen darauf, dass es natürlich und ungezwungen ist. Pacing bedeutet nicht, den anderen einfach zu imitieren und dabei die eigene Persönlichkeit zurückzudrängen. Ansonsten wird es als lächerlich, als Nachäffen wahrgenommen und führt dann eher dazu, dass ein Rapport überhaupt nicht zustande kommt. Betonen Sie Ähnlichkeiten, jedoch übertreiben Sie die Betonung nicht in offensichtlicher Imitation.

Die Körperhaltung pacen

Sie können damit anfangen, die Körperhaltung Ihres Gegenübers zu pacen. Vielleicht achten Sie in Gesprächen einmal darauf, ob dies bereits unbewusst der Fall ist. Nehmen Sie eine ähnliche Körperhaltung wie Ihr Gegenüber ein. Stellen Sie besondere Merkmale in der Körpersprache fest, beispielsweise ein nervöses Wippen mit den Füßen, so können Sie auch das so genannte „Überkreuzpacing" anwenden.

Hierbei wippen Sie nicht mit den Füßen, sondern benutzen beispielsweise Ihren Zeigefinger, um den Rhythmus zu pacen. Je mehr Sie auf natürliche Weise die Körpersprache Ihres Gegenübers pacen, desto mehr werden Sie anfangen, einen ähnlichen inneren Zustand wie Ihr Gesprächspartner zu entwickeln. Innere Zustände sind eng an die Physiologie gekoppelt, sodass Sie beginnen, sich auch so zu fühlen wie Ihr Gegenüber. Selbstverständlich fördert dies den Rapport zusätzlich. Es ermöglicht Ihnen auch, Entscheidungen sicherer zu treffen. Je nach Gefühl können Sie leichter entscheiden, ob Sie beispielsweise in einem Verkaufsgespräch oder in einer Diskussion weitere Argumente anbringen. Verspüren Sie selbst Verschlossenheit oder Ablehnung, sind weitere Argumente nicht angebracht und sollten auf einen späteren Zeitpunkt verschoben werden.

Die Sprache pacen

Wenn Sie mit dem Pacing von Körperhaltung und Körperbewegungen zufrieden sind, können Sie als Nächstes die Sprache pacen. Dabei sollten Sie schrittweise die folgenden Komponenten pacen: Tonhöhe, Geschwindigkeit, Lautstärke, Rhythmus, besondere Ausdrücke. Vielleicht ist Ihnen auch schon aufgefallen, dass es in bestimmten Gruppen nicht möglich ist, dazuzugehören, wenn Sie gewisse Ausdrücke nicht beherrschen. Sie outen sich dadurch sofort als Außenseiter. Hierzu gehören besonders Expertengruppen (zum Beispiel EDV-Spezialisten oder Trader), aber auch bestimmte Altersgruppen. Jugendliche verwenden häufig vollkommen andere sprachliche Ausdrücke als Ältere und zeigen dadurch ihre Abgrenzung gegenüber anderen Generationen wie ihre Zugehörigkeit untereinander.

Unbewusstes Verhalten pacen

Je fortgeschrittener Sie im Pacing sind, desto mehr können Sie Verhalten pacen, das nur schwer bewusst wahrzunehmen ist. Sie können beispielsweise die Atmung Ihres Gegenübers pacen oder nur dann sprechen, wenn der andere ausatmet. Dadurch üben Sie eine fast hypnotische Wirkung auf den

Partner aus, die sehr schnell zu ausgesprochen tiefem Rapport führt. Sie werden wahrnehmen, dass der andere sich praktisch sofort Ihrer Körperhaltung anpassen wird, um den Rapport noch mehr zu verstärken. Auch Werte und Meinungen können Sie pacen. Es ist selbstverständlich sehr wirksam, Repräsentationssysteme („VAKOG-Wörterbücher", siehe Seite 56) und Meta-Programme zu pacen (siehe Kapitel „Meta-Programme", Seite 98). Achten Sie jedoch immer darauf, dass das Pacing natürlich erfolgt und nicht gegen Ihren Willen oder Ihre Überzeugungen. In diesem Fall werden Sie nämlich unbewusste Signale aussenden, die der andere als irritierend wahrnimmt.

Leading auf Basis von Rapport

Den Rapport bewusst brechen

Wenn Sie einmal tiefen Rapport zu einem anderen Menschen aufgebaut haben, werden Sie feststellen, dass Sie ebenso wie der andere diesen Rapport als etwas sehr Angenehmes empfinden. Aus diesem Grunde wird es Ihnen beiden ausgesprochen schwer fallen, den Rapport zu brechen. Verändert einer von Ihnen seine Körperhaltung oder die Stimmung, wird der andere versuchen, den Rapport zu halten oder möglichst schnell wiederherzustellen. Bricht einer bewusst den Rapport und versucht der andere, durch Pacing den Rapport zu erhalten, so spricht man von „Leading". Leading bedeutet, eine andere Person auf Basis von gutem Rapport in der Art zu führen, dass die Person automatisch folgt.

Den Rapport prüfen

Damit ist Leading für zwei Dinge besonders geeignet. Sie können damit leicht überprüfen, ob der andere bereits Rapport zu Ihnen aufgebaut hat. Haben Sie ihn eine Weile gepacet und sind Sie nicht sicher, ob er bereits Vertrauen zu Ihnen gefasst hat, verändern Sie einfach Ihre Körperhaltung ein wenig oder verändern Sie Ihre Stimme. Stellen Sie fest, dass der andere es Ihnen gleichtut, so können Sie davon ausgehen, dass das Leading erfolgreich war und bereits Rapport besteht.

Die zweite Möglichkeit besteht darin, die andere Person sanft in andere Zustände zu führen oder neue Argumente in Gespräche einzubringen. Befindet sich der andere beispielsweise in einer schlechten Stimmung, können Sie anfangen, Ihre Stimmung ein wenig zu heben. Sie entspannen sich ein wenig und lächeln. Auf diese Weise führen Sie Ihr Gegenüber in eine positive Stimmung und verbessern seinen inneren Zustand. Diese Technik ist vor allem bei der Anwendung von Formaten sinnvoll, wenn der Klient sich in einem Zustand der Hoffnungslosigkeit und Resignation befindet. Durch das Leading bringen Sie ihn in eine Stimmung, in der er überhaupt erst für neue Möglichkeiten zugänglich ist. Da Sie bereits Rapport haben, wird der andere auch für neue Argumente leichter offen sein. Er wird weniger Widerstand zeigen, selbst wenn Ihre Argumente ihm nicht sofort einleuchten.

Andere führen

Vielleicht haben Sie bereits beim Lesen gemerkt, welch wirksames Werkzeug Ihnen mit Pacing und Leading zur Verfügung steht. Sie können auf diese Weise Verkaufsgespräche, Verhandlungen, Mitarbeitergespräche, Zieldiskussionen oder Konfliktsituationen besser steuern und Ihre positiven Beziehungen zu anderen Menschen weiter ausbauen. Durch die konsequente Anwendung dieser Techniken verbessern Sie Ihre Flexibilität und erreichen Ziele leichter und gegen weniger Widerstand. Stellen Sie sich die Auswirkungen dieser Fähigkeiten vor und überlegen Sie, in welchen zukünftigen Situationen Sie durch Pacing und Leading Ihre Gespräche für beide Seiten angenehmer gestalten wollen.

Pacing und Leading im Berufsleben

6. Anker

**Reiz-Reaktions-
Kopplungen** Ein großer Teil unseres Verhaltens besteht aus erlernten, unbewusst programmierten Reaktionen. Wenn Sie Ihre Mitmenschen (oder sich selbst) beobachten, werden Sie feststellen, dass diese bei bestimmten Gelegenheiten automatische Reaktionen zeigen. So gibt es Menschen, die in ganz bestimmten Situationen automatisch zur Zigarette greifen. Andere reagieren auf eine Melodie, indem Sie sofort ein bestimmtes Gefühl zeigen oder anfangen mitzusummen. Vielen automatischen Reaktionen liegen solche unbewussten Reiz-Reaktions-Kopplungen („Anker") zugrunde.

> **Mithilfe von Ankern können Sie lernen, negative Gewohnheiten auf einfache Weise abzulegen und auf Wunsch positive Verhaltensweisen und innere Zustände zu erzeugen.**

**Einfache Stufe
des Lernens** Reiz-Reaktions-Kopplungen stellen eine einfache Stufe des Lernens dar und sind selbst bei niederen Tieren zu beobachten. So haben Wissenschaftler herausgefunden, dass beispielsweise Fadenwürmer einen Lichtreiz mit Schmerzen durch einen leichten Stromimpuls verknüpfen können. Wird der Stromimpuls zuerst gleichzeitig mit dem Lichtsignal eingeschaltet, so zucken die Würmer später auch zusammen, wenn nur das Lichtsignal aufblitzt.

Ivan Pawlow Der Verhaltensforscher Ivan Pawlow untersuchte als Erster solche Reiz-Reaktions-Kopplungen. Pawlow konditionierte Hunde mittels einer Glocke. Während er die Hunde mit

Fleisch fütterte, läutete er gleichzeitig eine Glocke. Die natürliche Reaktion von Hunden auf Nahrung sind das Auslösen von Speichelfluss und die Produktion von Verdauungssäften im Magen. Nachdem er die Hunde über eine längere Zeit immer mit dem Ertönen der Glocke gefüttert hatte, konnte Pawlow die reale Nahrung weglassen – trotzdem reagierten die Hunde mit der Sekretion von Speichel und der Bildung von Verdauungssäften. Die Hunde waren auf den Klang der Glocke konditioniert.

Pawlow nannte dies einen bedingten Reflex, der angelernt ist und einen bestimmten Reiz erfordert. Daneben gibt es unbedingte Reflexe, beispielsweise den Lidschlag, die angeborenen sind und keinen bestimmten Reiz erfordern. Für die Arbeit über den bedingten Reflex erhielt Pawlow 1904 den Nobelpreis für Medizin. Richard Bandler und John Grinder, die Begründer des NLP, haben diese Arbeit weiterentwickelt und hieraus die Technik des Ankerns entwickelt.

Der bedingte Reflex

Das Gehirn arbeitet beim Ankern wie ein Koinzidenzdetektor. Ereignisse, die zeitlich und räumlich nahe beieinander liegen und gleichzeitig deutlich zu bemerken sind, verknüpft das Gehirn miteinander.

Das Gehirn verknüpft zeitgleiche Ereignisse

Positive und negative Anker

NLP verwendet das Ankern dazu, innere Zustände mit äußeren Reizen zu verknüpfen. Auf diese Weise ist es beispielsweise möglich, allein durch ein bestimmtes äußeres Signal sofort einen gewünschten inneren Zustand zu erreichen. Ähnlich wie viele Menschen bereits beim Hören ihrer Lieblingsmelodie ein gutes Gefühl haben, können Sie durch die Arbeit mit Ankern beliebige Gefühlszustände wie Entschlossenheit, Freude, Entspannung oder Begeisterung auf Wunsch erzeugen.

Positive Programmierung

Negative Programmierung

Natürlich sind Anker auch geeignet, negative Gefühle zu erzeugen. In manchen Fällen ist es so, dass Sie allein durch ein bestimmtes Wort oder Bild ein negatives, ängstliches, gieriges oder gar wütendes Gefühl entwickeln. In diesem Falle ist es wichtig, eine Methode zu beherrschen, um bereits vorhandene Reiz-Reaktions-Kopplungen wieder aufzulösen.

Starker Wille allein genügt nicht

Viele Menschen würden gerne ihr Verhalten ändern, sind jedoch nicht in der Lage, die bereits vorhandenen starken Reiz-Reaktions-Kopplungen zu kontrollieren. Dies führt dazu, dass, obwohl ein starker Wille vorhanden ist, in bestimmten Situationen das unerwünschte Verhalten automatisch wieder auftritt. Dann ist es nicht mehr möglich, auf eine Zigarette oder auf das üppige Essen zu verzichten, weil der Betoffene nicht mehr dagegen ankämpfen kann.

Calibrated Loops

In Beziehungen spielen häufig geankerte Reiz-Reaktions-Kopplungen eine negative Rolle. So gibt es Paare, bei denen jeder auf bestimmte Äußerungen des anderen immer mit der gleichen Reaktion antwortet. Dadurch entstehen häufig Streitereien, die jedes Mal auf die gleiche Weise ablaufen und letztendlich zu nichts führen. Solche Kopplungen werden im NLP als „Calibrated Loops" bezeichnet.

Sich negative Anker bewusst machen

Die richtige Vorgehensweise zum Auflösen negativer Reiz-Reaktions-Kopplungen besteht darin, dass Sie sich unerwünschte Anker bewusst machen, um sie dann durch erwünschte zu ersetzen. Im Falle des üppigen Essens ist der Auslöser vielleicht eine Speisekarte, ein inneres Bild oder eine bestimmte Frage des Ehepartners. Suchen Sie gezielt nach dem Auslöser eines bestimmten Verhaltens.

Werbung benutzt Anker

Die meisten Auslöser werden externe Reize sein. Viele sind auch in der Werbung zu finden und werden teils bewusst eingesetzt, um uns zu bestimmten Reaktionen zu verleiten. Lernen Sie, diese Reize zu identifizieren.

Anker installieren

Anker können in allen Repräsentationssystemen installiert werden. Der auslösende Reiz kann also visueller, auditiver, kinästhetischer, olfaktorischer oder gustatorischer Natur sein. Dabei sind kinästhetische Anker häufig leichter zu setzen, da diese eindeutig einer bestimmten Körperstelle oder einer speziellen Körperhaltung zugeordnet werden können. Ein sehr bekannter Anker war die geballte Faust von Boris Becker, die ihm bei Turnieren dazu verholfen hat, in einen entschlossenen, energiegeladenen Zustand zu gelangen. Visuelle oder auditive Anker sind schwieriger zu setzen, da das auslösende Signal eindeutig sein muss. Bei Liedern ist dies der Fall, da diese in der Regel immer gleich klingen.

Kinästhetische Anker sind besonders klar

Ankern ist One-Trial-Learning. Dies ist in der Natur überlebenswichtig, da eine einzige gefährliche Situation ausreichen muss, um ein zukünftiges Verhalten dauerhaft zu erzeugen. So wird eine glühend rote Herdplatte (Reiz) in der Regel bereits nach einer einzigen Berührung mit Schmerz und dem Wegziehen der Hand (Reaktion) verknüpft und nicht erst nach der fünften Wiederholung. Wird ein Anker also richtig installiert, so ist oft nur eine einzige Wiederholung notwendig.

Eine Wiederholung kann ausreichen

Damit grenzen sich Anker eindeutig gegenüber Verfahren wie zum Beispiel dem operanten Konditionieren ab. Dort wird Lernen durch Belohnung oder Strafe und mittels mehrfacher Wiederholungen erzielt. Wiederholungen sind sinnvoll, um Verfahren zu erlernen, die möglicherweise bestimmte körperliche Bewegungen erfordern. Anker wirken auf der Verhaltensebene, und hier entscheidet die Stärke der Reiz-Reaktions-Kopplung und nicht die Anzahl der Wiederholungen. Daraus folgt auch, dass Anker nicht wirksam gesetzt werden, sofern der auslösende Reiz oder der innere Zustand nicht als signifikant wahrgenommen wird.

Signifikante Reize sind notwendig

Wohlgeformtheitskriterien

Wohl geformtes Installieren von Ankern genügt grundsätzlich den folgenden fünf Kriterien:

TIGER
- *Timing des Reizes:* Der Reiz soll kurz vor dem Höhepunkt des inneren Zustandes gesetzt werden und beendet sein, wenn der Zustand nachlässt.

- *Intensität des Zustandes:* Der innere Zustand, der geankert werden soll, muss intensiv und assoziiert erlebt werden. Je intensiver der Zustand ist, desto weniger Wiederholungen sind notwendig.

- *Genauigkeit des Reizes:* Der Reiz muss eindeutig als der auslösende Reiz erkennbar sein. Bei kinästhetischen Reizen sind die Körperstelle und der ausgeübte Druck entscheidend.

- *Einzigartigkeit des Reizes:* Der gleiche Reiz darf nicht für verschiedene Zustände benutzt werden.

- *Reinheit des Zustandes:* Der innere Zustand muss frei von weiteren Begleitgefühlen (zum Beispiel Nervosität) sein. Ansonsten besteht die Gefahr, dass diese ebenfalls geankert werden.

Die Kriterien werden als Merkhilfe durch die Anfangsbuchstaben zu TIGER (früher GERTI) zusammengefasst.

Vorgehensweise beim Ankern

Mit den Wohlgeformtheitskriterien ergibt sich der folgende Ablauf für das bewusste Setzen eines Ankers:

1. Intensive assoziierte Erinnerung an eine Erfahrung hervorrufen, um den gewünschten inneren Zustand X zu erreichen: „Erinnere dich intensiv an eine konkrete Situation, in der du besonders X warst!"

2. Kurz vor dem Höhepunkt den äußeren Reiz ausüben. Hierzu kann zwischen Coach und Klienten vorher ein Signal (Kopfnicken) vereinbart werden.

3. Separieren des inneren Zustandes durch Ablenkung, um den Klienten in einen anderen inneren Zustand zu bringen.

4. Testen des Ankers, indem der Reiz erneut ausgelöst wird. Dabei überprüft der Coach die Wirksamkeit anhand der Veränderung der Physiologie des Klienten.

Anwendungsmöglichkeiten

Nicht nur das Setzen neuer Anker ist sinnvoll, um dadurch bestimmte Gefühlszustände bewusst zu erzeugen. Es existieren weitere wichtige Anwendungen und Vorgehensweisen für die Arbeit mit Ankern:

- *Anker kombinieren:* Hierbei werden gleichzeitig verschiedene Reize über mehrere Sinneskanäle gesetzt. Dadurch kann der Anker verstärkt werden. Später reicht bereits einer der beiden Reize.
- *Anker stapeln:* Es werden mehrere ressourcevolle Zustände an den gleichen Reiz geankert. Wird der Reiz später ausgelöst, so sind alle Ressourcen gleichzeitig verfügbar.
- *Anker reaktivieren:* Schwache oder alte unwirksame Anker werden erneut installiert.
- *Auditive Anker im Gespräch:* Bei Vorträgen können Sie innere Zustände bei den Zuhörern durch Ankern erzeugen. Immer wenn Sie beim Gegenüber eine bestimmte Reaktion feststellen, können Sie als Vortragender durch besondere Betonung der Stimme diese Reaktion markieren. Später können Sie dieselbe Reaktion durch dieses so genannte analoge Markieren erneut erzeugen.
- *Visuelle Anker bei Vorträgen:* Bewegen Sie sich immer an den gleichen Punkt oder verwenden Sie eine bestimmte Handbewegung, um Reaktionen Ihres Publikums zu ankern. Erfahrene Redner erzeugen so häufig bestimmte Zustände beim Publikum, ankern diese und nutzen die Anker später während des Vortrages (siehe Kapitel „NLP-Techniken in Vorträgen und Präsentationen", Seite 124).

Anker sind vielfältig einsetzbar

Entmachten negativer Anker

Negative Anker können Sie entmachten, indem Sie sie gleichzeitig mit positiven Ankern erleben. Das zugrunde liegende Format wird auch als „Anker verschmelzen" bezeichnet. Das Format ist geeignet für gegensätzliche (polare) Zustände, von denen einer als negativ erlebt wird (zum Beispiel wütend, gut gelaunt). Beide Zustände werden geankert. Dann werden beide auslösenden Reize gleichzeitig aktiviert, sodass Sie (oder der Klient) keinen der beiden Zustände mehr rein erleben. Dadurch erleben Sie den negativen Zustand nicht mehr als belastend – und er verliert seine Wirkung. Das Format besteht aus den folgenden Schritten:

1. Sie beschreiben und ankern das Problem (negativ bewertetes Verhalten) Ihres Klienten (oder bei sich selbst).
2. Sie suchen das Gegenteil des Problems (Ressource) und ankern es ebenfalls.
3. Anker verschmelzen. Beide Anker werden gleichzeitig ausgelöst. Dabei verschmelzen die negativen und positiven Gefühle. Beide Zustände werden nicht mehr als rein erlebt. Beobachten Sie den Klienten, ist eine so genannte Mischphysiologie zu sehen?
4. Test und Future Pace. Sie überprüfen die Effektivität des Verschmelzens. Dazu bitten Sie den Klienten, an das Problem zu denken (beziehungsweise denken Sie selbst an Ihr Problem), und überprüfen die Reaktion. Beim „Future Pace" überprüfen Sie die Vorstellung, die der Klient entwickelt, wenn er daran denkt, dass das Problemverhalten in der Zukunft auftritt. Wenn beides zufrieden stellend verläuft, wird das Format beendet. Ansonsten wird das Format wiederholt.

Wichtige Voraussetzung für den Erfolg ist, dass beide Anker intensiv erlebt werden. Das positive Gefühl sollte gleich oder stärker als das negative sein, damit die Wirkung des Verschmelzens deutlich wird.

Denken Sie einmal daran, was Sie beruflich erreichen können, wenn Sie negative Zustände einfach auflösen oder positive Zustände auf Wunsch einschalten können. Stellen Sie sich vor, Sie können Ihre Mitarbeiter leichter in einen begeisterten und positiven Zustand versetzen, indem Sie bestimmte Worte oder einen bestimmten Tonfall benutzen. Mit Ankern können Sie nicht nur positive Zustände erzeugen, Sie sind auch in der Lage, bisher als negativ erlebte Situationen in Ressourcen umzuwandeln.

7. Submodalitäten

Formen von Submodalitäten

Feinste
Unterscheidungen
„Submodalitäten" bezeichnen die formalen Feinunterscheidungen innerhalb der Sinnes-Repräsentationen. Das bedeutet, Submodalitäten sind die kleinsten wahrnehmbaren Untereigenschaften von inneren Bildern, Tönen und Empfindungen. Submodalitäten sind unabhängig vom Inhalt der Vorstellung, sie bestimmen jedoch stärker als der Inhalt selbst, wie intensiv eine Erfahrung wirkt. Weiterhin bestimmen sie die Bedeutung, die jemand einer inneren Repräsentation gibt. Ein leicht zu beobachtendes Phänomen ist die Veränderung der Größe eines inneren Bildes. Bittet ein Coach einen Klienten, an jemanden zu denken, vor dem er normalerweise große Angst hat, so lässt sich diese Angst deutlich verringern, indem der Coach den Klienten auffordert, sich diese Person einfach etwas kleiner vorzustellen. Häufig werden diese so genannten Angstgegner nämlich in der inneren Vorstellung größer gesehen, als sie in Wirklichkeit sind. Die Veränderung der Submodalität der Größe hat einen stärkeren Einfluss auf die Angstreaktion als der Inhalt des inneren Bildes.

Experten nutzen
Submodalitäten
Neben der richtigen Strategie verfügen Experten häufig über die Fähigkeit, bestimmte Submodalitäten, also feinste Veränderungen über ein Repräsentationssystem, besonders gut wahrzunehmen. So sind Musiker in der Lage, feinste Veränderungen von Tonhöhen zu erkennen, Programmierer finden in langen Quellcodepassagen auf den ersten Blick Fehler, und Kommunikatoren nehmen Veränderungen in der Stimme oder Mimik ihres Gegenübers wahr und interpretieren diese richtig.

Im NLP werden verschiedene Arten von Submodalitäten unterschieden:

- *Analoge Submodalitäten* bezeichnen Veränderungen, die kontinuierlich variieren können, also zum Beispiel Dinge wie Lautstärke oder Helligkeiten.
- *Digitale Submodalitäten* können jeweils nur zwei Zustände annehmen, zum Beispiel Farbe oder Schwarz-Weiß oder Stereo/Mono.
- *Kritische Submodalitäten* heißen diejenigen Submodalitäten, deren Veränderung den größten Unterschied im emotionalen Erleben bewirkt. Es kann zum Beispiel sein, dass eine Situation auf den Klienten vollkommen unterschiedlich wirkt, wenn er sich die dazugehörigen inneren Bilder in Schwarz-Weiß vorstellt.
- *Treibersubmodalitäten* lösen einen Zwang aus. Hierzu kann beispielsweise eine innere Stimme gehören, die jemanden dazu bringt, etwas auszuführen, das er gar nicht tun möchte. Bei manchen Menschen führt das Knistern einer Tüte mit Süßigkeiten dazu, dass sie nicht mehr mit dem Essen aufhören können.

Digitale visuelle Submodalitäten von inneren Bildern

- Farbe oder Schwarz-Weiß
- Zwei- oder dreidimensional
- Assoziierte oder dissoziierte Wahrnehmung (man sieht ein Bild aus den eigenen Augen oder man sieht sich selbst in dem Bild)
- Ein einziges Bild oder ein automatisch ablaufender Film

Analoge visuelle Submodalitäten von inneren Bildern

- Entfernung (nah – fern)
- Helligkeit (hell – dunkel)
- Größe (groß – klein)
- Ort und Position
- Bildschärfe (scharf – verschwommen)
- Kontraste

- ▦ Begrenzung (ohne äußere Grenzen – Rahmen um das Bild)
- ▦ Perspektive des Beobachters

Digitale auditive Submodalitäten (innere Töne/Worte)
- ▦ Mono – Stereo

Analoge auditive Submodalitäten (innere Töne/Worte)
- ▦ Tempo (langsam – schnell)
- ▦ Rhythmus (stetig – abgehackt)
- ▦ Lautstärke (laut – leise)
- ▦ Tonlage (hoch – tief)
- ▦ Entfernung (nah – fern)
- ▦ Deutlichkeit (deutlich – undeutlich)
- ▦ Melodie (monoton – melodisch)
- ▦ Tonalität (voll – nasal – dünn)
- ▦ Position (von wo?)

Digitale kinästhetische Submodalitäten (innere Gefühle)
- ▦ Konstant – unterbrochen
- ▦ Extern – intern

Analoge kinästhetische Submodalitäten (innere Gefühle)
- ▦ Körperbereich (wo?)
- ▦ Qualität (Art der Empfindung)
- ▦ Intensität (stark – schwach)
- ▦ Wärme (warm – kalt)
- ▦ Dauer (stetig – wechselnd – kurz)
- ▦ Bewegung (ausbreitend – wellenförmig – lokal begrenzt)

Wirkung von Submodalitäten

Unsere Erlebnisse verarbeiten wir mit unseren Sinnessystemen und speichern diese Verarbeitungsergebnisse ab. Die Sinneskanäle bezeichnen wir als Repräsentationssysteme, weil sie unsere Erfahrungen auf eine bestimmte Art repräsentieren: auditiv, visuell, kinästhetisch (siehe Kapitel „Repräsentationssysteme", Seite 47). Eigenschaften der Repräsentation lassen sich in kleinsten Schritten verändern. Diese feinsten Unterscheidungen oder Untereigenschaften sind die Submodalitäten. Die Submodalitäten sind exakt die Elemente, über die das Gehirn unser Erleben sortiert, codiert und speichert und damit unser Modell der Welt erzeugt. Das heißt, in den jeweiligen Submodalitäten stecken die Informationen, die unser Gehirn braucht, um das mit einem Erlebnis verbundene Gefühl zu reproduzieren.

Submodalitäten bestimmen unser Erleben

Arbeit mit Submodalitäten bedeutet Veränderung der kleinsten, qualitativ wahrnehmbaren Einheiten der Unterscheidung innerhalb der einzelnen Sinnesrepräsentation. Diese Veränderung ist vollständig inhaltsfrei und steuert die Intensität des Erlebens und dessen subjektive Bedeutung. Da die Intensität von Bedeutung direkt von den Submodalitäten der inneren Repräsentation abhängt, ist es möglich, über Veränderung der Submodalitäten Gefühle zu verändern. Sie können zum Beispiel die Helligkeit eines inneren Bildes absichtlich verändern, um sich besser zu fühlen.

Veränderung ist inhaltsfrei

Jetzt können Sie sich die Frage stellen: Wie verändert sich die Bedeutung in einer realen Situation, wenn Submodalitäten doch offensichtlich nur Veränderungen sind, die sich auf die innere Repräsentation beziehen? Warum funktioniert die Arbeit mit Submodalitäten, zum Beispiel indem Sie Ihre innere Vorstellung einer Angstsituation durch Abwandlung von Submodalitäten verändern und dadurch angstfrei werden, auch wenn Sie später in die konkrete Situation hin-

Vorbewusste Gefühle steuern unsere Reaktion

85

eingeraten? Die Erklärung: Die Reaktion auf ein sich wiederholendes externes Ereignis, auf das jemand mit negativen Gefühlen reagiert, wird durch Gefühle gesteuert, die als Reaktion auf eine Erinnerung auf vorbewusster Ebene entstehen. Das bedeutet, dass Ihre Angst schon vorbewusst existiert, bevor Sie in die entsprechende Situation hineingeraten. Diese vorbewusste Form der Imagination wird durch Änderung der Submodalitäten verändert. Dadurch ändert sich die Wirkung der Erinnerung und somit die Reaktion auf das externe Ereignis, wenn dieses tatsächlich auftritt. Dies bewirkt dann eine Veränderung auf der Verhaltensebene.

Das Gehirn benutzen lernen NLP arbeitet rein mit dem inneren Erleben, es werden also Imaginationen verändert und keine externen Ereignisse. Dies bewirkt eine strukturelle Veränderung der Erlebensintensität und ebenfalls eine strukturelle Veränderung der Bedeutung. Voraussetzung für die Anwendung ist, dass der Klient in der Lage ist, die Submodalitäten eines Repräsentationssystems willentlich zu beeinflussen. Eine Fähigkeit, die sich durch Übung verbessern lässt.

> **Ein bekannter NLP-Trainer hat einmal gesagt: „Wer sein Gehirn nicht nur besitzen, sondern auch benutzen will, muss lernen, welche Submodalitäten bei ihm wie funktionieren, und lernen, sie zu verändern."**

Es ist zu beachten, dass bei Submodalitätsarbeit kein Wechsel des Repräsentationssystems und keine inhaltliche Veränderung der Vorstellungen durchgeführt wird. Damit haben Submodalitäten keinen direkten Bezug zu den Techniken der Fernsehwerbung, auch wenn dies von manchen Autoren zur Verdeutlichung zitiert wird: Werbung arbeitet mit Veränderung äußeren Erlebens, dies kann auf inneres Erleben zurückwirken, ist aber nicht die Vorgehensweise im NLP.

Anwendungsrichtlinien

Die wichtigste Vorbedingung ist, eine fassbare Sinnesrepräsentation zu haben, das heißt, Sie müssen in der Lage sein, sich das, was Sie verändern wollen, auch vorzustellen. Das kann ein Bild, eine Musik oder etwas Ähnliches sein, auch eine abstrakte Darstellung oder ein Symbol. Dabei wird immer die gesamte Vorstellung verändert und nicht nur ein Teil davon. Die Veränderung der Bedeutung oder eine Änderung der Intensität von Gefühlen ist schließlich das Ergebnis der Arbeit. Die Arbeit mit Submodalitäten ist eine der zentralen Techniken des NLP. Sie wird in vielen therapeutischen Bereichen mit großem Erfolg angewendet.

Die Vorstellung muss fassbar sein

Das Praliné-Format

Das Praliné-Format eignet sich dafür, ungeliebte, aber notwendige Tätigkeiten, die gerne liegen gelassen werden, attraktiver zu machen, sodass Sie sie leichter ausführen können. Hierzu gehören Dinge wie Aufräumen, Steuererklärungen oder auch Hunde ausführen. Das Praliné-Format besteht aus den folgenden Schritten, wobei jeweils passende Fragen für den Coach genannt sind, die Sie sich auch selbst stellen können:

Unangenehmes attraktiv machen

1. *Problem finden:* Ungeliebte Aufgabe, die gemacht werden muss.
   „Hast du irgendetwas zu tun, was dir keinen Spaß macht und was du vielleicht vor dir her schiebst?"
2. *Motivierendes Bild assoziieren:* Der Klient findet ein Bild von etwas Verlockendem als Repräsentation für Motivation.
   „Gibt es vielleicht etwas in deinem Leben, an das du nur zu denken brauchst, und sofort hast du Lust, es zu tun? … Kannst du dir dazu ein Bild machen, ohne dich selbst darin zu sehen? Also nur das, was dich anzieht … Dann stelle das Bild bitte vorerst noch einmal zur Seite, wir brauchen es gleich wieder."

3. *Bild der Aufgabe dissoziieren:* Der Klient entwirft ein Bild, während er sich selbst von außen betrachtet und die ungeliebte Aufgabe ausführt.

   „Und kannst du jetzt ein Bild von dir vor oder mit dieser Aufgabe entwerfen und dich selbst darin sehen?"

4. *Öko-Check:* Klären, ob es Einwände gegen die Erfüllung der Aufgabe gibt.

   „Gibt es irgendwelche Einwände oder Gründe dagegen, diese Aufgabe zu erfüllen und dich selbst darin zu sehen?"

5. *Iris-Muster:* Aufgabenbild auf das Motivationsbild legen, ein kleines Loch in die Mitte machen und so weit vergrößern, bis genug vom Motivationsbild zu sehen ist, dass die Verlockung entsteht. Dann Loch verkleinern, aber das gute Gefühl behalten.

   „Lege jetzt bitte beide Bilder aufeinander, und zwar so, dass die Aufgabe das Motivationsbild ganz verdeckt. Und jetzt machst du ein kleines Loch in das Aufgabenbild und siehst dadurch etwas von dem Motivationsbild. Vergrößere nun das Loch, bis du so viel von dem hinteren Bild siehst, dass du Lust darauf bekommst. Und dann probier aus, wie klein du das Loch machen kannst, die Lust dabei aber trotzdem bleibt."

6. *Wiederholungen:* Der Klient wiederholt dieses Vergrößern und Verkleinern mehrmals zur Festigung der Verbindung.

   „Kannst du das Loch jetzt noch mehrmals hintereinander schnell größer und kleiner werden lassen, wie bei einem Kameraobjektiv zum Beispiel?"

7. *Test:* Die Effektivität der Arbeit überprüfen.

   „Wie geht es dir jetzt, wenn du an die Aufgabe denkst?"

Übung: Zerstören unangenehmer Bilder

Denken Sie an ein inneres Bild, das bei Ihnen unangenehme Empfindungen auslöst. Verändern Sie dieses Bild so, dass ein Rahmen darum erscheint und das Bild selbst einfriert. Es sollte aussehen, als ob das Bild auf einer Glasscheibe aufgemalt ist. Zerstören Sie nun dieses innere Bild, indem Sie es mit einem Hammer zerschlagen. Dabei sehen Sie die Scherben und Splitter im Bild. Zerstören Sie auf diese Weise das gesamte Bild.

Führen Sie diese Übung mehrfach hintereinander durch und steigern Sie die Geschwindigkeit. Wenn Sie die Übung richtig durchgeführt haben, sollte es Ihnen schließlich schwer fallen, das Bild überhaupt noch wie vorher zu sehen. Der Prozess des Zerschlagens läuft dann automatisch ab. Damit verschwinden auch die negativen Vorstellungen, die mit dem Bild verknüpft waren.

8. Reframing

Unzufrieden trotz guter Situation Wie möchten Sie gerne leben? Viele Menschen leben im Überfluss und fühlen sich trotzdem arm. Viele von uns sind in einer Situation, um die andere sie beneiden. Und trotzdem sind wir unglücklich und unzufrieden. Das Unterbewusstsein ist nämlich nicht in der Lage, zwischen der Vorstellung und der Realität zu unterscheiden. Es reagiert auf Vorstellungen immer, als wären sie Tatsachen.

Was wir glauben, ist eng mit den in unserem Unterbewusstsein gespeicherten Überzeugungen verbunden. Ob wir etwas als angenehm oder unangenehm betrachten, hängt zum Großteil von den eigenen Glaubenssätzen ab:

Die persönliche Bewertung entscheidet Wenn wir berufliche Entwicklungen betrachten, so gibt es keine Misserfolge, sondern ausschließlich Ergebnisse. Die persönliche Bewertung dieser Ergebnisse wird von unseren Überzeugungen beeinflusst.

Beispiel *Angenommen, Sie sind Passagier in einem Flugzeug und ein Triebwerk fällt aus, welchen Piloten wünschen Sie sich in dieser Situation:*
- *einen Piloten, der sagt: „Das Triebwerk ist ausgefallen, das bedeutet, wir werden abstürzen", und der daraufhin in Panik verfällt;*
- *einen Piloten, der sagt: „Ein Triebwerk ist ausgefallen, aber ich habe noch ein zweites, und mit diesem zweiten Triebwerk werde ich das Flugzeug landen", und daraufhin konzentriert seine Fähigkeiten einsetzt?*

Angenommen, Sie sind Verkäufer und Ihr Kunde sagt: „Uns geht es im Moment finanziell eher schlecht und wir überlegen, keine weiteren Leistungen mehr von Ihnen zu beziehen." Zu welcher Art von Verkäufer gehören Sie dann?

Bedeutungsgebung

Die Bedeutung, die ein Ereignis hat, hängt immer vom Bezugsrahmen, dem Kontext, ab, in dem das Ereignis wahrgenommen wird. Durch Wechseln dieses Kontextes ist es möglich, die Bedeutung eines Ereignisses zu verändern. Die individuelle Bedeutungsgebung bestimmt, wie ein Mensch sich in einer bestimmten Situation verhält.

Bedeutung ohne Kontext existiert nicht

Dies können Sie beispielsweise als Berater oder Verkäufer nutzen, indem Sie durch „Reframing" (Umdeuten) einer negativen Aussage dem Kunden eine alternative Bedeutung der Situation anbieten. Auf dieser Basis gelangt der Kunde zu einer neuen Sichtweise, die es ihm ermöglicht, neue, positive Reaktionen und Verhaltensweisen zu entwickeln.

Neue Sichtweisen für Kunden

Ein Vater besucht zusammen mit seinem Sohn für eine Woche den Bauernhof sehr armer Leute. Der Vater hat den Besuch geplant, um seinem Sohn zu zeigen, wie arme Leute leben und wie wichtig es ist, dass der Sohn später Besitz und Reichtümer sammelt.

Beispiel

Am Ende des Besuchs fragt der Vater den Sohn: „Wie hat dir dieser Ausflug gefallen?" Der Sohn antwortet: „Ich fand das Leben bei diesen Leuten sehr interessant!" „Und hast du miterlebt, wie arm Menschen sein können?" „Ja, das habe ich erlebt." „Was hast du also aus diesem Besuch gelernt?", fragt der Vater. Der Sohn antwortet: „Ich habe gesehen, dass wir eine Katze haben, und die Leute auf der Farm haben sieben. Wir haben einen Swimmingpool, der bis zur Mitte unseres Gartens reicht, und sie haben einen See, der gar nicht mehr aufhört. Wir haben prächtige Lampen in unserem Garten, und sie haben die

Sterne. Unsere Terrasse reicht bis zum Vorgarten, und sie haben den ganzen Horizont." Der Vater ist sprachlos. *Und der Sohn fügt hinzu: „Danke, Vater, dass du mir gezeigt hast, wie arm wir sind."*

Einfaches Reframing

Wenn Ihr Vorgesetzter Sie häufig anschreit, wäre eine einfache Umdeutung: „Immerhin ist er an mir interessiert, denn er spricht noch mit mir!"

Kontext-Reframing

Ändern von Situation und Zeitrahmen
Durch „Kontext-Reframing" sind Sie in der Lage, die Situation und den Zeitrahmen einer Aussage zu verändern, um diese so in einem anderen Rahmen zu präsentieren. Verwenden Sie diese Methode bei Aussagen der Form: „Ich bin zu x.", „Wir sind zu x", „Sie sind zu x".

Beispiel
Ein Kunde sagt Ihnen: „Ihre Dienstleistungen für Systemintegration sind zu teuer!"
Der Reframe könnte lauten: „Ja, der Preis ist tatsächlich relativ hoch (Pacing des Einwands). Die Anforderungen, die an Systemintegratoren gestellt werden, sind mittlerweile extrem gestiegen. Inzwischen müssen unsere Angestellten mehrere Wochen Ausbildung und Testing durchlaufen, um eine gleich bleibend hohe Qualität in den immer komplexeren Netzwerken unserer Kunden zu gewährleisten. Das hat natürlich seinen Preis. (Kontext-Reframe: Hoher Preis durch hohe Qualität der Berater)."

> **Übung: Kontext-Reframing**
> Erarbeiten Sie Vorschläge für Kontext-Reframings der folgenden Einwände:
> 1. Ihre Firma ist zu klein, wir arbeiten nur mit großen Unternehmen, wegen der höheren Sicherheit!
> 2. Ihre Mitarbeiter sind nicht flexibel genug, wir erwarten auch Höchstleistungen in Fachgebieten, die außerhalb des fachlichen Fokus liegen.
> 3. Ihre Preise sind zu hoch, die Mitbewerber haben deutlich billigere Stundensätze.
> 4. Wir benötigen keine Unterstützung durch Ihre Abteilung. Wir möchten eigenes Know-how aufbauen, um uns nicht von anderen abhängig zu machen.

Bedeutungs-Reframing

Beim „Bedeutungs-Reframing" (auch Inhalts-Reframing genannt) bleiben Kontext und Situation erhalten, aber die emotionale Bedeutung eines Ereignisses wird neu interpretiert.

Ändern der emotionalen Bedeutung

Ein Mitarbeiter ärgert sich über Unterbrechungen und Rückfragen durch Kollegen, während er in seine Arbeit vertieft ist. Die Störungen haben für ihn die Bedeutung: „Die anderen respektieren mich nicht und glauben, sie könnten nach Belieben über meine Zeit verfügen." Eine neue Bedeutung könnte sein: „Unterbrechungen während der Arbeit haben die Bedeutung: ‚Andere schätzen meine Meinung und sind an meiner Person interessiert'".

Beispiel

Bedeutungs-Reframing wird eingesetzt, wenn eine Äußerung auftaucht, die die Form einer komplexen Äquivalenz hat: „Ich fühle mich x, wenn y passiert" lässt sich abbilden auf: „x bedeutet, dass ich mich y fühlen muss."

Einwände umformulieren

Einwandbehandlung

Die Technik des Reframings erlaubt es Ihnen, Einwände zu behandeln, indem Sie den Kontext oder die Bedeutung für Ihre Gesprächspartner verändern. Auf diese Weise erhöhen Sie Ihre Flexibilität, werden schlagfertiger und erzielen bessere Gesprächsergebnisse.

> **Wichtig ist, dass Sie einen Reframe ernsthaft und kongruent vortragen. Verwenden Sie hierzu bewusst das Glaubwürdigkeits- oder Zugänglichkeitsmuster aus dem Kapitel „Sprache".**

Der Preframe

Einwände vorwegnehmen

Unter einem „Preframe" versteht man eine vorweggenommene Einwandbehandlung. Wenn Sie bereits wissen, dass Ihr Gegenüber in einem Gespräch einen Einwand bringen wird, so können Sie durch einen geeigneten Preframe den Einwand entkräften, bevor er zu einem Problem für Sie wird. Sie können diese Technik in vielen Situationen nutzbringend einsetzen.

Unnötige Diskussionen vermeiden

Wenn Sie als Vortragender wissen, dass Ihr Publikum einem Teil Ihrer Präsentation nicht zustimmen wird, können Sie dies gleich zu Beginn Ihrer Rede ansprechen. Beispielsweise wissen Sie, dass Ihre Zuhörer der Einführung eines neuen Produktes skeptisch gegenüberstehen? Ein passender Preframe könnte lauten: „Vielleicht gibt es den einen oder anderen unter Ihnen, der der Einführung eines neuen Produktes skeptisch gegenübersteht. Das ist verständlich, denn viele Unternehmen haben vor dem Umstieg ähnliche Bedenken gehabt. Wer jedoch diesen Schritt gegangen ist, hat später daraus sehr viele Vorteile erlangt, die wir noch im Einzelnen diskutieren werden!" Durch diese Aussage vermeiden Sie, dass Ihre Zuhörer gleich zu Beginn ihre Bedenken äußern und Sie sich in unnötige Diskussionen verwickeln. Selbstverständlich sind Sie nach dieser Aussage verpflichtet, die angesprochenen Vorteile später auch anzusprechen.

Vorgesetzte erleben häufig, dass ihre Mitarbeiter für sie unangenehme Aufgaben ohne weitere Information unerledigt lassen. Anstatt den Vorgesetzten darüber zu informieren, wartet der Mitarbeiter, bis die Angelegenheit zu weiteren, häufig größeren Problemen führt. Dabei hätte ein kurzer Preframe in der Form: „Ich schaffe es nicht, die Angelegenheit in der vereinbarten Zeit zu erledigen" weitere unangenehme Konsequenzen für Vorgesetzen und Mitarbeiter verhindert.

Andere vorher informieren

Wann immer es möglich ist, einen kritischen Einwand abzufangen, bevor er zum Problem wird, oder eine kritische Situation im Vorfeld durch entsprechende Informationen zu mildern, nutzen Sie einen Preframe.

Der Agreement-Frame

Durch den Einsatz eines „Agreement-Frames" können Sie Ihren Gesprächspartner zu einer offenen Haltung bewegen, bevor Sie einen gerade vorgebrachten Einwand besprechen. Der Agreement-Frame besteht aus zwei Schritten. Stimmen Sie dem Gegenüber zunächst zu: „Ich verstehe Ihr Argument." Dadurch bauen Sie Rapport auf und verhindern, dass Widerstand entsteht. Im nächsten Schritt bringen Sie Ihre Argumente vor, ersetzen dabei jedoch das Wort „aber" durch „und". Auf die Aussage: „Ich bin nicht Ihrer Meinung, ich werde gegen diese Entscheidung stimmen!" könnte der Agreement-Frame lauten: „Das kann ich verstehen. Auch ich war nicht immer dieser Meinung, und als ich mir alle Argu-

„Aber" durch „und" ersetzen

mente dafür und dagegen betrachtet hatte, habe ich festgestellt, dass mehr Gründe für diese Entscheidung sprechen als dagegen.“

Spezielles Bedeutungs-Reframing: Einwände zu Wünschen machen

Viele Menschen äußern Wünsche durch Bedenken

Eine besonders schnelle Methode des Bedeutungs-Reframings ist es, Einwände in Wünsche zu verwandeln. Dahinter steckt bereits der Reframe, dass Einwände in Wirklichkeit versteckte Wünsche sind. Im Verkauf eignet sich diese Form von Reframe, um Kunden für ein Produkt oder eine Dienstleistung zu interessieren. Der Kunde äußert eine Einschränkung – Sie fragen, ob er wünsche, diese Einschränkung zu überwinden. Auf die Aussage: „Das ist unmöglich!“ können Sie als Verkäufer antworten: „Wenn es möglich wäre, hätten Sie es dann gerne?“ Damit erreichen Sie häufig, dass der Kunde zustimmt und an weiteren Informationen interessiert ist. Durch Kombination mit einer Ausschlussfrage erhalten Sie ein wirksames Instrument, um Kunden eine Entscheidung zu erleichtern.

Beispiel

Kunde: „Ihr Server ist zu langsam!“
Verkäufer: „Sie möchten also einen Server, der schnell genug für Ihre Anwender ist. Ist das richtig?“
Kunde: „Ja.“
Verkäufer: „Das heißt, wenn ich Ihnen zeigen kann, dass unser Server schnell genug für Ihre Anwender ist, dann würden Sie ihn nehmen, ist das richtig?“

Den wahren Grund finden

Mit einer abschließenden Frage in der obigen Form können Sie einen Verkauf nach der Behandlung des Einwandes direkt zum Abschluss zu bringen. Antwortet der Kunde mit „Nein“, setzen Sie das Gespräch fort, indem Sie die Aussage „Ihr Server ist zu langsam!“ nicht weiter beachten und nach weiteren Einwänden fragen. Dadurch vermeiden Sie die Behandlung aller Einwände bis auf den letzten, kaufentscheidenden.

Verkäufer: „In dem Fall gibt es von Ihrer Seite noch weitere Gründe, die Sie vom Kauf abhalten/die Sie zögern lassen, was ist es?"

Kunde: „Es muss auch Y erfüllt sein." (Damit ist der vorherige Einwand X nicht mehr der kaufentscheidende.)

Verkäufer „Wenn ich Ihnen zeigen kann, dass Y erfüllt ist, kaufen Sie dann mein Produkt?"

Fortführung des Beispiels

Der Verkäufer sorgt durch diese Form des Gesprächs dafür, dass der Kunde die für ihn wichtigen Kaufgründe nennt, und ist so in der Lage, den Kunden richtig zu beraten. Er verhindert, dass er über Dinge spricht, die unwichtig für den Kunden sind und das Gespräch in eine ungünstige und unverbindliche Richtung lenken.

Die Techniken des Reframings sind ein mächtiges Werkzeug, um tief greifende Veränderungen bei Kunden und Mitarbeitern zu bewirken. Sie helfen Ihnen, Gespräche sinnvoll zu führen, einschränkende Überzeugungen aufzulösen und damit auf Dauer zufriedener zu werden. Führungskräfte wie Verkäufer haben mit den Methoden des Reframings die Möglichkeit, wirksamer zu arbeiten und Gespräche motivierend und überzeugend zu führen.

9. Meta-Programme

Wenn Sie vor einer großen Gruppe von Personen etwas präsentieren und danach einzelne Gruppenmitglieder befragen, worüber Sie gesprochen haben, werden Sie feststellen, dass die meisten Menschen vollkommen unterschiedliche Aussagen treffen werden. Gibt man verschiedenen Personen einen Zeitungsartikel zu lesen, so werden sich auch hier die Aussagen über den Artikel deutlich unterscheiden. Der eine ist möglicherweise schockiert über bestimmte Detailaussagen, wohingegen ein anderer vielleicht nur auf die korrekte sprachliche Formulierung des Artikels geachtet hat. Es ist fast so, als hätten diese Leute verschiedene Vorträge gehört oder unterschiedliche Zeitungsartikel gelesen.

**Häufige Kommuni-
kationsprobleme**

Warum reagieren Menschen so unterschiedlich und richten Ihre Aufmerksamkeit auf völlig verschiedene Dinge? Warum reden manche Menschen in Diskussionen ständig über bestimmte Details, während andere Diskussionsteilnehmer darauf sofort genervt reagieren und nur mit Mühe aufmerksam zuhören können? Wie können Sie jemanden auf die richtige Weise anreden, damit Sie seine Aufmerksamkeit überhaupt erreichen?

Die klügste Botschaft, die wohlwollendste Kritik und der beste Rat sind ohne Wirkung, wenn Sie von der anderen Person nicht verstanden werden oder deren Aufmerksamkeit gar nicht erst erreichen. Nicht nur, um persönliche Ziele zu erlangen, sondern auch bei allen Aufgaben, die Teamarbeit erfordern, müssen Sie Methoden finden, die Ihnen die Aufmerksamkeit anderer sichern.

> Meta-Programme („Sorts") sind der Schlüssel zur Informationsverarbeitung einer Person. Es handelt sich dabei um unbewusste neuronale Wahrnehmungsfilter, die Informationen nach der bevorzugten Aufmerksamkeitsrichtung der Person sortieren.

Für die menschliche Wahrnehmung ist hauptsächlich die Struktur einer Information entscheidend und nicht deren genauer Inhalt. „Meta-Programme" laufen vollständig unbewusst ab und filtern alle Informationen heraus, die nicht zu dem Programm einer Person passen. Meta-Programme sind wie eine Tür, durch die wir mit der Welt draußen agieren. Diese Tür hat die Macht, nur bestimmte Dinge passieren zu lassen. Wenn Sie diese geistigen Muster eines Menschen kennen, können Sie eine Botschaft so vermitteln, dass der andere sie wirklich wahrnimmt und versteht. Treffen zwei Personen mit unterschiedlichen Meta-Programmen aufeinander, so entsteht bei beiden sehr schnell das Gefühl des „Genervt-Seins".

Die Struktur der Information bestimmt die Wahrnehmung

Meta-Programme spielen bei der Einstellung von Mitarbeitern eine wichtige Rolle; durch die Kenntnis von Sorts können Sie sich als Personalverantwortlicher die Entscheidung erleichtern, ob eine Person für eine Aufgabe überhaupt geeignet ist.

Eine bekannte amerikanische Fluglinie hatte in der Vergangenheit das Problem, dass etwa 95 Prozent der Kundenbeschwerden von 7 Prozent des Personals verursacht wurden. Dabei wurde festgestellt, dass diese Personen ständig mit einem großen Teil ihrer Aufmerksamkeit auf sich selbst konzentriert waren (Meta-Programm „Aufmerksamkeitsrichtung", siehe unten). Eine Person mit dieser Aufmerksamkeitsrichtung prüft beim Ausführen einer Aufgabe ständig, ob die Aufgabe Spaß macht und

Beispiel: Aufmerksamkeit bei Flugpersonal

ihr selbst Gewinn bringt. Für solch eine Person ist es schwierig, Aufgaben durchzuführen, bei denen es auf die Zufriedenheit anderer ankommt. Im Servicebereich einer Fluglinie ist jedoch genau das notwendig. Nach Entlassung oder Versetzung der betroffenen Personen und Neueinstellung von Mitarbeitern mit einer Aufmerksamkeitsrichtung auf andere wurde eine signifikante Reduktion der Beschwerden festgestellt.

Auf Aussagen achten Sorts können Sie anwenden, indem Sie beim Hören eines Satzes herausfiltern, welche Programme eine Person benutzt, um den Satz in dieser Weise zu formulieren. Dann können Sie so antworten, wie es den verwendeten Programmen entspricht. Eine weitere Möglichkeit besteht darin, Ihrem Gegenüber Fragen zu stellen, bei denen die Form der Antwort auf die Verwendung eines bestimmten Meta-Programms schließen lässt.

> **Beachten Sie, dass ein Meta-Programm keinerlei Bewertung zulässt. Personen, die ein bestimmtes Programm verwenden, sind nicht besser oder schlechter als andere. Jedes Programm ist in bestimmten geeigneten Kontexten sinnvoll.**

Meta-Programme sind oft kontextabhängig und stellen keine absoluten Vorgänge dar. Häufig kommt es vor, dass eine Person im beruflichen Bereich andere Aufmerksamkeitsfilter verwendet als beispielsweise im Privatleben. Im Folgenden sind die für die berufliche Kommunikation wichtigsten Meta-Programme aufgelistet.

Richtungs-Sort (Hin zu, weg von)

Hin-zu- und Weg-von-Menschen Dieses Meta-Programm bezieht sich darauf, ob das Verhalten einer Person auf etwas hin oder von etwas fort erfolgt. Das Verhalten jedes Menschen zielt darauf ab, Freude zu erleben oder Schmerzen zu vermeiden. „Hin-zu-Menschen" werden durch positive Ziele motiviert und bevorzugen Aufgaben, bei denen sie bestimmte Dinge erreichen können. „Weg-von-Menschen" bemühen sich, Probleme aus dem Weg zu gehen. Sie wollen eher Schwierigkeiten vermeiden als Ziele erreichen. Häufig wird der Hin-zu-Typus als erfolgsorientierter angesehen, jedoch sind Weg-von-Menschen in Problemsituationen oft leistungsfähiger und mobilisieren mehr Ressourcen.

Aktivitäts-Sort (proaktiv, reaktiv)

Proaktive Menschen setzen Handlungen und initiieren Neues. Reaktive Menschen warten, dass andere etwas tun und wollen zum Handeln aufgefordert werden. Sie lassen die Dinge mehr geschehen und wollen zuerst verstehen und analysieren, bevor sie handeln.

Proaktive und reaktive Menschen

Arbeitsstil (Team, allein)

Dieses Meta-Programm beschreibt den bevorzugten Arbeitsstil einer Person. Es gibt Menschen, die im Team bessere Arbeitsergebnisse erbringen, und solche, die lieber alleine arbeiten.

Teamspieler und Einzelgänger

Vorgehensweise (optional, prozedural)

Dieses Meta-Programm gibt an, wie eine Person bei der Arbeit bevorzugt vorgeht. Optionsorientierte Menschen wollen Wahlmöglichkeiten haben und können gut Alternativen entwickeln, sie haben jedoch oft Schwierigkeiten, einer Arbeitsanweisung exakt zu folgen. Verfahrensorientierte Menschen hingegen können gut vorgegebenen Verfahrensrichtlinien folgen, es fehlt ihnen jedoch oft an Einfallsreichtum, wenn ein Verfahren kreative Elemente erfordert. Dieses Programm ist vor allem für Trainer bei der Übungsvergabe an Seminarteilnehmer wichtig.

Optionsorientierte und verfahrens-orientierte Menschen

Erfüllungs-Sort (Anfang, Mitte, Schluss)

Präferenz für verschiedene Projektphasen

Menschen mit einem Erfüllungs-Sort „Anfang" lieben es, neue Aufgaben zu beginnen. Sie fühlen sich in der Startphase eines Projektes und der anfänglichen Planung am wohlsten. Liegt der Erfüllungs-Sort in der „Mitte", handelt es sich um eine Person, die sich in der Umsetzungsphase von Arbeiten wohler fühlt. Menschen mit dem Erfüllungs-Sort „Schluss" lieben es, Aufgaben abzuschließen. Gerade in zeitlich begrenzten Projekten ist es sinnvoll, Personen mit allen drei Erfüllungs-Sorts einzusetzen.

Ziele-Sort (Optimierung, Perfektion)

Optimierer und Perfektionierer

Bevorzugt eine Person die Optimierung, so gibt sie sich in der Regel mit einer Leistung zufrieden, sobald diese einen bestimmten Erfüllungsgrad erreicht hat. Ein auf Perfektion ausgerichteter Mensch arbeitet weiter, bis nach seinem Urteil eine Aufgabe perfekt gelöst ist. Der Optimierer ist häufig schneller in der Erledigung einer Aufgabe, während der Perfektionierer unangemessen lange brauchen kann, jedoch eine höhere Qualität abliefert.

Regelstruktur (für sich, für andere, für sich und andere)

Vorstellung von Problemlösungen

Dieser Sort beschreibt, ob eine Person innere Vorstellungen und Regeln entwickelt, die ihr selbst oder anderen helfen können, eine Arbeit besser durchzuführen. Führungskräfte sollten die Struktur „für sich und andere" aufweisen. Dann sind sie in der Lage, Mitarbeitern Hilfestellungen zu geben, ohne andere fragen zu müssen, wie sie selbst eine Aufgabe zu lösen haben.

Referenzrahmen (intern, extern)

Urteil selbst bilden oder übernehmen

Liegt ein interner Referenzrahmen vor, so handelt es sich um Personen, die sich ein Urteil selbst bilden und äußere Faktoren und Meinungen anderer kaum berücksichtigen. Menschen mit externem Referenzrahmen bilden sich eine Meinung, indem sie andere befragen oder zum Beispiel einen hohen Wert auf Medienaussagen legen. Häufig werden Entscheidungen jedoch nicht ausschließlich durch interne oder externe Referenzrahmen getroffen, es erfolgt zusätzlich noch ein externer oder interner Check.

Chunk-Size-Sort (Überblick, Detail)

Dieser Sort beschreibt, worauf sich eine Person bei der Informationsaufnahme konzentriert. Überblickorientierte Menschen verschaffen sich zunächst eine grobe Übersicht über neue Informationen und beginnen dann mit der Arbeit. Detailorientierte achten auf winzige Kleinigkeiten. Unterhalten sich zwei Personen, die hier entgegengesetzt sind, so können starke Reaktionen auf beiden Seiten auftreten. Der Überblicksmensch ist sofort von den aus seiner Sicht uninteressanten Details genervt. Der Detailmensch hat das Gefühl, der andere höre ihm nicht zu und verstehe nicht, wovon er gerade spreche. Für die Träger dieser Meta-Programme gibt es viele umgangssprachliche Bezeichnungen: Überflieger, oberflächlich, Managertyp für den Überblicksmenschen. Kleinkrämer oder Erbsenzähler für den Detailmenschen. Beide Typen sind jedoch für bestimmte Aufgaben ausgesprochen gut geeignet.

Überblicksorientierte und detailorientierte Menschen

Primary-Interest-Sort (Menschen, Aktivitäten, Orte, Dinge)

Dieser Sort beschreibt das primäre Interesse von Personen. Sie können dieses Meta-Programm leicht ermitteln, indem Sie Fragen dazu stellen, was einen Menschen bewegt, neue Tätigkeiten auszuführen. Liegt das primäre Interesse an Menschen, so wird jemand möglicherweise eine neue Stelle nur annehmen, wenn die Kollegen interessant sind. Andere entscheiden sich vielleicht aufgrund der interessanten Reiseaktivitäten, des Standortes der Firma oder wegen der Ausstattungsmerkmale des Arbeitsplatzes.

Was bewegt den Menschen?

Gründe-Sort (Möglichkeit, Notwendigkeit)

Art der Motivation Warum ein Mensch motiviert ist, etwas Bestimmtes zu tun, liegt in den Sorts „Möglichkeit" und „Notwendigkeit" begründet. Jemand, der sich durch Möglichkeiten motiviert fühlt, beginnt eine Tätigkeit, um Neues kennen zu lernen und zu erreichen. Menschen, die durch Notwendigkeiten motiviert werden, sind besonders geeignet, unangenehme Tätigkeiten auszuführen, die einer äußeren Notwendigkeit entspringen.

Überzeugungs-Sort (Anzahl, automatisch, konsistent)

Art des Vertrauensaufbaus Dieser Sort beschreibt, wie Überzeugungen ausgebildet werden. Betrachtet man beispielsweise Vorgesetzte, so existiert ein Typus, der „automatisch" neuen Mitarbeitern gegenüber Vertrauen hat. Andere hingegen müssen zunächst durch eine „Anzahl" von Referenzerfahrungen durch den Mitarbeiter von seiner Qualifikation überzeugt werden. Der dritte Typus braucht „konsistente", dauerhafte Referenzerfahrungen, damit er Vertrauen aufbauen kann. In manchen Fällen ist dieser Sort kontextabhängig. Das heißt, es kann vorkommen, dass ein Vorgesetzter einen bestimmten Überzeugungs-Sort nur bei bestimmten Mitarbeitern oder Tätigkeiten verwendet.

Überzeugungskanal (sehen, hören, lesen, handeln)

Art der Vermittlung von Überzeugungen Der Überzeugungskanal ist der Sinneskanal, über den eine Überzeugung am leichtesten zu vermitteln ist. Man unterscheidet Personen, die etwas sehen müssen, um es zu glauben. Andere bevorzugen, etwas über eine Sache zu hören oder zu lesen. Der vierte Typus muss Dinge selbst ausprobieren, bevor er davon überzeugt ist.

Beziehungs-Sort (Gleichheit, Unterschiedlichkeit)

Gleichheits- und Unterschiedlichkeits-Sort Legt man jemandem zwei Bilder unterschiedlicher Dinge oder Menschen vor und fragt, was ihm besonders auffällt, so gibt der Typus „Gleichheits-Sort" sofort auffallende

Ähnlichkeiten an. Der Typus „Unterschiedlichkeits-Sort" beschreibt hingegen alle Abweichungen zwischen den Bildern. Menschen, die auf Gleichheit achten, fällt es oft leichter, Rapport (siehe Kapitel „Rapport", Seite 68) zu anderen aufzubauen. Sie heben Gemeinsamkeiten und gleiche Interessen hervor.

Aufmerksamkeitsrichtung (selbst, andere)

Dieses Meta-Programm steuert die Aufmerksamkeit einer Person. Menschen, deren Aufmerksamkeitsrichtung auf sich selbst zielt, sind immer mit einem Teil ihrer Konzentration bei sich selbst. In Unterhaltungen können Sie dies durch den Blickkontakt erkennen, diese Menschen gehen oft in den inneren Dialog (siehe Kapitel „Repräsentationssysteme", Seite 47) und brechen den Blickkontakt ab. Bei der Aufmerksamkeitsrichtung auf andere ist der Blickkontakt intensiver, Sie haben das Gefühl, der andere sei ganz auf Sie konzentriert.

Blickkontakt

Weltsicht (beurteilend, wahrnehmend)

Liegt ein beurteilendes Meta-Programm vor, so handelt es sich um eine Person, die sich schnell eine Meinung über äußere Vorgänge bildet. Diese Personen kommentieren beispielsweise gesellschaftliche Ereignisse sofort mit eigenen Ansichten. Wahrnehmende Personen nehmen sich hier eher zurück. Sie nehmen Ereignisse wahr, vertreten jedoch selten eigene Urteile dazu.

Schnelles Urteil oder Beobachtung

Selbstvergleich (mit sich, mit anderen, andere mit anderen, mit Ideal)

Dieser Sort gibt an, wie eine Person ihre eigene Leistung vergleicht. Insbesondere beim Lernen und Trainieren von Fertigkeiten ist dieser Sort entscheidend für Motivation und das Bewusstsein für Fortschritte. Vergleicht eine Person ihre Leistungen mit ihren eigenen bisherigen Fähigkeiten, so ist anfangs ein Fortschritt leichter erkennbar und die Motivation hoch. Handelt es sich um fortgeschrittenere Tätigkeiten,

Vergleich der eigenen Leistung

so ist der Vergleich mit anderen häufig sinnvoller. Erfolgreiche Mitarbeiter können sich leichter anspornen, wenn sie sich mit anderen erfolgreichen Kollegen vergleichen. Ist jemand in der Position eines Vorgesetzten, so ist der Vergleich von anderen mit anderen geeignet, um besonders leistungsfähige Mitarbeiter gut identifizieren zu können. Der Vergleich mit einem Ideal ist dann sinnvoll, wenn andere Referenzen fehlen. Dies kann beispielsweise bei einem Weltmeister in einer bestimmten Disziplin gegeben sein. Liegt der Vergleich zum Ideal jedoch in allen Kontexten einer Person vor, so kann dies dauerhaft zu allgemeiner Unzufriedenheit führen, weil das Ideal in der Regel nie erreicht wird.

Im Folgenden finden Sie eine Liste mit Meta-Programmen und für das Erkennen geeigneten Fragen. Selbstverständlich können Sie die Fragen kreativ verändern und an Ihr persönliches Umfeld anpassen. In manchen Fällen ist es schwierig, eine geeignete Frage zu stellen. In diesem Fall finden Sie statt einer Frage einen Hinweis, wie Sie den Sort auf andere Art ermitteln können.

Richtungs-Sort	Was ist dir an deiner Arbeit wichtig?
Aktivitäts-Sort	Wenn du eine Aufgabe beginnst, beginnst du sofort, nachdem du einen Überblick gewonnen hast, oder ist es dir lieber, die Situation zunächst genau zu studieren?
Arbeitsstil	In welchen Arbeitssituationen hast du dich besonders wohl gefühlt? Hast du die Aufgaben alleine oder im Team bewältigt?
Vorgehensweise	Ist es dir lieber, bei Aufgaben eine genaue Anweisung zu haben, oder bevorzugst du eine klare Zielvorgabe, und den Weg dorthin findest du selbst?

Erfüllungs-Sort	Welche Phase in einem Projekt interessiert dich am meisten? Der Anfang, die Mittelphase oder das Ende?
Ziele-Sort	Wenn du eine Aufgabe bearbeitest, ist es dir wichtiger, die Aufgabe möglichst schnell zu erledigen, oder, dass die Aufgabe mit 100 Prozent Perfektion erledigt wird? Wie hast du solche Situationen in der Vergangenheit behandelt?
Regelstruktur	Weißt du, was du tun musst, um deine Arbeitsergebnisse zu verbessern? Kannst du diese Frage für andere Personen beantworten?
Referenzrahmen	Woran merkst du, ob du eine Aufgabe besonders gut erledigt hast? Merkst du es selbst, oder muss es dir ein anderer sagen?
Chunk-Size-Sort	Wenn wir eine Aufgabe gemeinsam angehen sollten, was willst du zuerst wissen? Den Überblick oder die genauen Details?
Primary-Interest-Sort	Was ist dir am Umfeld besonders wichtig, wenn du in einem neuen Job anfängst?
Gründe-Sort	Warum hast du diesen Beruf / dieses Hobby gewählt?
Überzeugungs-Sort	Woran erkennst du, ob ein anderer für eine Aufgabe geeignet ist? Reicht es, ihn anfangs zu kontrollieren, oder benötigt es häufigere Kontrollen? Wenn ja, wie oft und wie lange sollten diese erfolgen?
Überzeugungskanal	Woran erkennst du, ob ein anderer eine Aufgabe gut erledigt? Musst du es sehen, hören, vorher selbst ausprobieren oder einen Bericht über das Ergebnis lesen?
Beziehungs-Sort	Legen Sie der Person Bilder von verschiedenen Menschen oder Dingen vor. Fragen Sie nach der Beziehung zwischen den Bildern.

Aufmerksamkeitsrichtung	Die Aufmerksamkeitsrichtung ermitteln Sie durch genaue Beobachtung des Gegenübers.
Weltsicht	Was ist deine Meinung zur derzeitigen politischen Situation?
Selbstvergleich	Wie schätzt du deine persönliche berufliche Leistung ein?

Übung: Stellen Sie die richtigen Fragen!

Mithilfe gezielter Fragen sind Sie in der Lage, die Meta-Programme einer Person herauszufinden. Achten Sie bei der Antwort nicht auf den Inhalt, sondern auf die Struktur der Aussage. Möchten Sie beispielsweise den Richtungs-Sort eines neuen Mitarbeiters feststellen, so fragen Sie ihn: „Aus welchem Grund haben Sie sich für diese Stelle entschieden?" Antwortet er, dass ihn bestimmte Ziele, Aufgaben oder Herausforderungen interessiert haben, so liegt die Hin-zu-Richtung vor. Gibt er an, eine vorherige Aufgabe nicht mehr durchführen zu wollen, oder hofft, bestimmte Probleme durch die neue Aufgabe zu lösen, so handelt es sich um einen Weg-von-Typus.

Übung: Match / Mismatch

Wenn Sie die Sorts einer Person herausgefunden haben, formulieren Sie in Gesprächen bewusst Übereinstimmungen und Abweichungen zu den vorhandenen Meta-Programmen. Beobachten Sie die Reaktionen Ihres Gegenübers sehr genau. Sie könnten einen Bewerber mit den Meta-Programmen Richtungs-Sort „Hin zu", Aktivitäts-Sort „proaktiv" und Arbeitsstil „allein" für die angebotene Stelle motivieren, indem Sie sagen: „Mit dieser Stelle sind Sie in der Lage, Ihre Ziele schnell zu erreichen, Sie haben die Möglichkeit, selbst nach Lösungen zu suchen, und können eigenständig Entscheidungen treffen. Dabei werden Sie die wichtigsten Dinge im Alleingang erledigen müssen."

Übersicht Meta-Programme

Die folgende Tabelle ist eine Übersicht der im beruflichen Bereich wichtigsten Meta-Programme. Mit ihrer Hilfe können Sie Profile für Mitarbeiter oder Kunden erstellen. Bei der Einstellung von Mitarbeitern hilft es Ihnen, wenn Sie die notwendigen Eigenschaften für die angebotene Stelle ermitteln und im Bewerbungsgespräch prüfen, inwiefern der Bewerber über die geeigneten Meta-Programme verfügt. Gibt es zu viele Abweichungen, wird es dem Bewerber später schwer fallen, die Aufgabe dauerhaft erfolgreich durchzuführen.

Richtungs-Sort	hin zu	weg von	beides	
Aktivitäts-Sort	proaktiv	reaktiv	inaktiv	
Arbeitsstil	Team	allein	beides	
Vorgehensweise	optional	prozedural		
Erfüllungs-Sort	Anfang	Mitte	Abschluss	
Ziele-Sort	Optimierung	Perfektion		
Regelstruktur	für sich	für andere	für sich und andere	
Referenzrahmen	intern	extern	intern mit externem Check	extern mit internem Check
Chunk-Size-Sort	Überblick	Detail		
Primary-Interest-Sort	Menschen	Aktivitäten	Orte	Dinge
Gründe-Sort	Möglichkeit	Notwendigkeit	beides	
Überzeugungs-Sort	Anzahl	automatisch	konsistent	kontextabhängig
Überzeugungskanal	Sehen	Hören	Lesen	Handeln
Beziehungs-Sort	Gleichheit	Unterschied	beides	
Aufmerksamkeitsrichtung	selbst	andere	System	
Weltsicht	beurteilend	wahrnehmend		
Selbstvergleich	mit sich selbst	mit anderen	andere mit anderen	mit Ideal

10. Strategien

Experten haben effektive Strategien Beobachten wir als Laien einen Experten bei der Arbeit, so sind wir oft völlig verständnislos, wenn wir versuchen, seine Vorgehensweise herauszufinden. Sehen wir zum Beispiel einem EDV-Spezialisten zu, so lässt sich nachher oft nicht beantworten, was er genau getan hat. Besonders gute EDV-Anwender haben die Fähigkeit, Probleme in Minuten zu lösen, für die andere Tage oder sogar Wochen benötigen. Sie sind in der Lage, innerhalb kürzester Zeit ein Problem zu erkennen, die Auswirkungen zu beseitigen und den zugrunde liegenden Fehler zu beheben. Dabei sehen sie Dinge, die andere nicht wahrnehmen, und es gelingt ihnen, Lösungen zu finden. Der Grund für diese hervorragenden Leistungen sind effektive innere Strategien, die es dem Experten ermöglichen, durch die richtige Wahrnehmung und geeignete Vorgehensweisen sehr schnell Ergebnisse zu erzielen.

Es gibt keine Misserfolge, sondern nur Ergebnisse Die Ergebnisse einer schlechten Strategie sind ebenfalls leicht nachzuvollziehen. Der Anwender sitzt lange an bestimmten Punkten eines Problems fest. Oft gibt er eine Lösung sogar ganz auf oder versucht immer wieder, dieselbe nutzlose Vorgehensweise zu wiederholen. Letztendlich kann er Termine nicht einhalten, verschwendet seine Arbeitszeit und ein Gefühl der Hilflosigkeit und Überforderung stellt sich ein.

Effektive Strategien entwickeln Gute Kommunikatoren arbeiten mit erfolgreichen Kommunikationsstrategien und erzielen damit immer wieder dieselben positiven Ergebnisse. Sie sind fähig, auf jeden Einzelnen so einzugehen, wie es für ihn richtig ist, und sie sind in der Lage, anderen Personen beizubringen, wie sie diese Fähigkeiten ebenfalls entwickeln können.

> **Strategien sind eine Abfolge innerer und äußerer Wahrnehmungen, die so angeordnet werden, dass ein gewünschtes Ziel erreicht wird.**

Es existieren Strategien für Entscheidungen, Problemlösung, Kreativität, Essen, sportliche Betätigung, Motivation, Kommunikation und jede Art von zielgerichtetem Verhalten. Strategien sind grundsätzlich von außen erkennbar, sodass Sie als Beobachter in der Lage sind, die Strategie eines Experten zu ermitteln, um diese dann in Zukunft selbst anwenden zu können. Strategien sind die Grundlage für „Modelling of Excellence", das Modellieren von Spitzenleistungen.

Strategien – Grundlage für Modelling

Da Strategien Abfolgen von Repräsentationen (siehe Kapitel „Repräsentationen", Seite 47) sind, können Sie diese durch Beobachtung erkennen. Durch Augenzugangshinweise und Sprachmuster können Sie sehen und hören, welches Repräsentationssystem jemand benutzt. Bringen Sie ihn dazu, seine Strategie direkt anzuwenden, oder stellen Sie Fragen, die ihm helfen, sich an die genaue Vorgehensweise zu erinnern.

Strategien durch Beobachtung erkennen

Um eine gute Strategie für sich selbst zu übernehmen oder sie einem anderen beizubringen (zu installieren), müssen Sie sie zunächst einem Experten entlocken („elizitieren").

Die Elizitation von Strategien

Finden Sie zuerst das primäre Repräsentationssystem (RS) einer Person heraus. Achten Sie dabei auf die verwendeten Sprachmuster und die Augenzugangshinweise. Wenn Sie erkennen möchten, wie jemand beispielsweise Entscheidungen trifft, dann ist es wichtig zu wissen, welches RS er hauptsächlich verwendet.

Primäres RS herausfinden

Sich auf die Person kalibrieren

Wichtig ist, dass Sie sich zunächst auf die Person kalibrieren. Innere Zustände drücken sich immer auf die gleiche Art und Weise in äußerlich sichtbaren Signalen aus. Diese sind erkennbar, sodass Sie sie nutzen können, um später auf die inneren Vorgänge zu schließen. Unterhalten Sie sich mit Ihrem Gegenüber und beobachten Sie dabei die Augenbewegungen. Stellen Sie Fragen, die den anderen dazu veranlassen, sich an Bilder, Gefühle oder Worte zu erinnern.

Die richtigen Fragen stellen

Die folgende Tabelle zeigt eine Übersicht der möglichen Augenzugangshinweise und Fragen, die geeignet sind, entsprechende Reaktionen auszulösen:

Visuell konstruierte Reaktion	Können Sie sich vorstellen, wie Ihre Wohnung mit rosa Tapeten aussehen würde?
Visuell erinnerte Reaktion	Erinnern Sie sich an Ihre erste große Liebe? Wie sah sie aus?
Auditiv erinnerte Reaktion	Können Sie sich an den genauen Wortlaut unseres letzten Gesprächs erinnern?
Auditiv konstruierte Reaktion	Bitte nennen Sie die Wochentage in alphabetischer Reihenfolge!
Kinästhetische Reaktion	Können Sie sich das Gefühl vorstellen, mit aufgeheiztem Körper in eiskaltes Wasser zu springen?
Innerer Dialog	Stellen Sie sich innerlich die Frage: „Was ist mir in der Kommunikation besonders wichtig?"

Das BAGEL-Modell

Sie können auch das so genannte „BAGEL-Modell" zu Hilfe nehmen, um Rückschlüsse auf das verwendete RS zu ziehen. Das BAGEL-Modell hilft, das primäre Repräsentationssystem anhand von Körperhaltung, Zugangshinweisen, Gesten, Augenmustern und Sprachmustern zu erkennen. Jedem Repräsentationssystem sind hier spezielle Zugangshinweise zugeordnet.

Hebt jemand den Kopf und gestikuliert beim Sprechen in Kopfhöhe, so befindet er sich in der visuellen Modalität. Schaut er nach unten und hält die Hände beim Sprechen in Bauchhöhe oder tiefer, so ist er in der kinästhetischen Modalität.

	Merkmal	Visuell	Auditiv	Kinästhetisch
B	Body Posture (Körperhaltung)	Kopf und Schultern aufrecht bis hoch gehalten	Wohl balancierte oder leicht geneigte Kopfhaltung, wie beim Lauschen, Körper nach vorn, Schultern zurück	Kopf und Schultern eher nach unten geneigt
A	Accessing Cues (Zugangshinweise)	Hohe Tonlage, schnelles Sprechtempo, flache Brustatmung, blasses Gesicht, Augen leicht zusammengekniffen, erhöhte Muskelspannung, besonders in den Schultern	Klare, expressive, resonante Stimme, ausgeprägter Sprechrhythmus, gleichmäßige Atmung im gesamten Brustkorb, Augenbrauen zusammengezogen	Eher tiefe Stimme, langsamer Sprechrhythmus mit langen Pausen, tiefe Bauchatmung, oft begleitet von Muskelentspannung
G	Gestures (Gesten)	Gesten im oberen Körperbereich (besonders zum Kopf hin)	Kleine rhythmische Bewegungen von Kopf und Körper, berührt beim Sprechen Ohren, Mund oder Hals	Viel Gestik mit Betonung der Brust- und Bauchregion
E	Eye Movements (Augenzugangshinweise)	Blickrichtung nach oben	Blickrichtung horizontal	Blickrichtung nach unten rechts

L Language Patterns (Sprachmuster)	Bildliche Sprache: betrachten, beobachten, klar, scheinen usw.	Klangsprache: hinhören, klingen, aufhören usw.	Gefühlssprache: begreifen, erfassen, handhaben usw.

Erfragen der Strategie Um die Strategie eines Menschen richtig elizitieren zu können, bringen Sie ihn in einen assoziierten Zustand. Das bedeutet, dass Sie ihn durch Fragen dazu veranlassen, sich in eine Situation hineinzuversetzen, in der er die gesuchte Strategie verwendet. Eine wichtige Voraussetzung für diese Assoziation ist, dass die Person die Situation so erlebt, als ob sie sich gerade selbst darin befindet. Sie sieht die Situation aus ihren eigenen Augen und hört sie mit den eigenen Ohren.

Dissoziation Kann sich Ihr Gesprächspartner selbst in dem Bild der Situation sehen, so liegt Dissoziation vor. In diesem Fall helfen Sie Ihrem Gegenüber zunächst, sich voll zu assoziieren, bevor Sie fortfahren.

Benutzen Sie für die Befragung Sprachmuster, die dem primären RS des anderen entsprechen. Auf diese Weise erleichtern Sie es ihm, Ihre Fragen zu beantworten, da Sie bereits eine Sprache verwenden, die seiner bevorzugten Repräsentation entspricht.

Innere Vorgänge erkunden Lassen Sie den anderen an eine Zeit denken, in der er die gesuchte Strategie verwendet hat. Finden Sie die Strategie, indem Sie klare Fragen stellen, welche inneren Vorgänge dabei abgelaufen sind. Beobachten Sie bei jeder Frage die Augenbewegungen und achten Sie auf die Sprachmuster. Möchten Sie eine Strategie herausfinden, die jemand benutzt, um eine Entscheidung zu treffen, sagen Sie ihm: „Stelle dir vor, wie du in einer entsprechenden Situation warst", und fragen Sie ihn dann:

- „Was war das Erste, was du bemerkt hast?
- War es etwas, das du gehört hast?
- War es etwas, das du gesehen hast?
- Oder war es ein Gefühl?
- Kam das Bild, Geräusch, Gefühl von außen oder von innen?
- Was war das Nächste, was du bemerkt hast?
- usw.“

Fahren Sie mit den Fragen fort, bis Sie die Strategie erfolgreich herausgefunden haben. Schreiben Sie nun die Strategie auf. Achten Sie auf die richtige Abfolge der Schritte.

Ein erfolgreicher Kommunikator beschreibt eine Strategie, um neue Menschen kennen zu lernen, folgendermaßen:
„Zuerst sehe ich die Person und fühle mich zu diesem Menschen hingezogen. Daraufhin spreche ich den anderen sofort auf etwas an, das mir in diesem Moment durch den Kopf geht. Ich überlege hierbei nicht, was ich sagen könnte, sonders spreche etwas an, was mir gerade in den Sinn kommt. Dabei achte ich genau auf die Reaktion meines Gegenübers. Ich höre genau zu, was der andere antwortet. Gefällt mir die Antwort (gutes Gefühl), so ist mein Ziel erreicht. Ich fühle mich gut und entscheide, ob ich die Kommunikation wieder beende oder vielleicht versuche, mich mit diesem Menschen zu verabreden. Gefällt mir die Antwort nicht (schlechtes Gefühl), so spreche ich etwas anderes an, bis mir die Antwort des anderen gefällt. Dann fühle ich mich ebenfalls gut.“

Beispiel: Kennlern-Strategie

Für das Aufzeichnen von Strategien können Sie folgende Syntax verwenden:

Aufzeichnen einer Strategie

Repräsentationssystem

V = Visuell	K = Kinästhetisch	O = Olfaktorisch
A = Auditiv	$K+$ = gutes Gefühl	G = Gustatorisch
	$K-$ = negatives Gefühl	

Hochzeichen

e = erinnert $\quad k$ = konstruiert $\quad i$ = intern $\quad ex$ = extern

Fußzeichen für auditives Repräsentationssystem

t = tonal (wird verwendet, wenn besondere Betonung, Geschwindigkeit oder Aussprache vorliegt)

d = digital (wird verwendet, wenn es ausschließlich auf den Inhalt einer Aussage ankommt)

Syntax

$\rightarrow$ = geht über, führt zu

$/$ = Vergleiche

$-$ = gleichzeitig, sich nicht beeinflussend

Mit dieser Syntax würde die obige Kennlern-Strategie folgendermaßen beschrieben werden:

$$V^{ex} \rightarrow K+ \rightarrow \underset{\text{zurück, wenn } K-}{\xleftarrow{\hspace{2cm}}} \overset{A_d \rightarrow A^{ex}/K\pm}{} \rightarrow EXIT\ (K+)$$

Jede gute Strategie endet mit K+

Die Strategie beginnt mit einem externen visuellen Signal V^{ex} (Person wird gesehen), ein positives Gefühl (hingezogen zu) folgt. Die Person wird angesprochen (A_d) und die Reaktion bewertet $(A^{ex}/K\pm)$. Ist die Bewertung positiv $(K+)$, so ist die Strategie erfolgreich und wird mit einem guten Gefühl beendet $(EXIT)$. Ist die Bewertung negativ, so wird der Person geantwortet, bis die Bewertung positiv erfolgt. Dieser Vorgang stellt eine Schleife in der Strategie dar, die durch Variation des ersten Elements so lange fortgeführt wird, bis der Vergleich am Ende der Schleife ein befriedigendes Ergebnis erzeugt. Die Strategie endet also in jedem Fall mit einem positiven Gefühl $(K+)$.

Merkmale einer guten Strategie

Das Beispiel zeigt, dass eine gute Strategie die folgenden Eigenschaften erfüllt:

▨ Die Strategie hat ein sensorisch definites Ziel $(K+$ am Ende).

▓ Sie verfügt über Informationsaufnahme von außen (Feedback). Nach einer Anzahl von Schritten werden Informationen von außen aufgenommen. Dadurch verhindern Sie, sich in internen Prozessen zu verlieren.

▓ Sie enthält alle drei Hauptrepräsentationssysteme (jedes RS kann Informationen aufnehmen, die die anderen RS nicht verarbeiten können).

▓ Die Strategie verfügt über einen Entscheidungspunkt. Die Antwort wird mit dem resultierenden Gefühl verglichen.

▓ Sie verfügt über eine variable Operation (A_d), die verändert wird, um das Ziel zu erreichen.

Ein weiteres Kriterium ist, dass die Strategie nicht über Endlosschleifen verfügt. Das bedeutet, dass die Strategie abgebrochen wird, wenn nach einer bestimmten Anzahl von Schritten kein Ergebnis erreicht wird.

Kennen Sie die Strategie einer Person, so besteht der nächste Schritt darin, die entscheidenden Submodalitäten jedes Strategieschrittes zu erfragen (siehe Kapitel „Submodalitäten", Seite 82). In der obigen Kennlern-Strategie ist für den ersten visuellen Reiz zu ermitteln, was genau an dem Aussehen der Person zu dem positiven Gefühl führt. Ist es die Farbe der Haare, ist es ein Lächeln, eine bestimmte Körperhaltung? Erfragen Sie alle Details, um zu erfahren, wie das folgende positive Gefühl ausgelöst wird. Gehen Sie auf diese Weise die gesamte Strategie durch. Das Ergebnis ist ein vollständiges Bild der Strategie.

Submodalitäten erfragen

Dieses Bild hilft Ihnen, herauszufinden, inwieweit Sie die Strategie anderer Personen erlernen können. Manche Repräsentationen sind erst nach jahrelangem Training wahrnehmbar. Daher ist es fraglich, ob es einem Nichtmusiker gelingen wird, eine Kompositionsstrategie eines erfolgreichen Dirigenten zu übernehmen, wenn er nicht einmal in der Lage ist, den Takt verschiedener Musikstücke zu unterscheiden.

Training ist auch für Experten wichtig

Die Installation von Strategien

Nach der erfolgreichen Elizitation einer Strategie können Sie als Trainer oder Coach diese anderen Menschen beibringen. Es gibt hierbei zwei grundlegende Vorgehensweisen:

- Sie installieren eine Strategie vollständig neu.
- Sie elizitieren die bisher verwendete Strategie und verbessern diese schrittweise. Hierbei entfernen Sie überflüssige Elemente und fügen neue Elemente hinzu.

Neuinstallation einer Strategie

Die Neuinstallation einer Strategie führen Sie folgendermaßen durch:

- *Strategieschritte ankern* (Einsatz von Kettenankern): Hierzu versetzen Sie Ihren Klienten in die jeweilige Situation und bitten ihn, sich den Schritt assoziiert vorzustellen. Je intensiver die Vorstellung, desto leichter kann sie geankert werden. Der Anker wird in der Regel kinästhetisch gesetzt (siehe Kapitel „Anker", Seite 74).
- *Schritte verketten:* Durch Ankerverketten werden einzelne Schritte miteinander verbunden. Jeder Schritt muss automatisch den nächsten Schritt auslösen, das heißt, die gesamte Sequenz muss später als funktionierende Einheit zur Verfügung stehen und sie muss in einen passenden Kontext eingebunden sein. Durch Ankerverketten können Schritte zu einer Sequenz verbunden werden. Bei unangenehmen Strategieschritten können Sie zunächst versuchen, dissoziiert durch den Schritt zu gehen (der Klient sieht sich von außen in der Situation, siehe oben), bevor Sie Assoziationen hervorrufen (der Klient erlebt sich in der Situation, siehe oben) und den Schritt ankern.
- *Üben:* Schließlich werden die einzelnen Sequenzen der Strategie so lange geübt, bis die Strategie als Ganzes automatisch abläuft. Sie geben Ihrem Klienten (beispielsweise Mitarbeiter oder Kunde) als Coach Hilfestellung, können diese Schritte aber auch für sich selbst durchlaufen.

Bei der obigen Kennlern-Strategie (siehe Seite 115) haben viele Menschen Schwierigkeiten mit dem zweiten Schritt. Es fällt ihnen schwer, eine unbekannte Person anzusprechen. Der Grund hierfür ist häufig, dass innere Prozesse ablaufen, die ein erfolgreiches Ansprechen verhindern.

Verbessern (streamlinen) einer Strategie

Eine Person beschreibt diese Situation vielleicht mit den folgenden Worten: „Ich weiß sehr genau, ob mich eine Person interessiert. Bevor ich sie jedoch anspreche, überlege ich innerlich, was ich überhaupt Intelligentes sagen könnte. Dabei überlege ich, wie die Reaktion der Person ausfallen würde. In der Regel befürchte ich eine negative Antwort, sodass ich sehr lange verschiedene Varianten durchdenke. Das dauert dann manchmal so lange, dass ich mich irgendwann einfach nicht mehr traue, auf den anderen zuzugehen. In einem Fall habe ich fast zwei Stunden überlegt, bis die Person plötzlich verschwunden war. Auf diese Weise habe ich schon sehr viele Kontakte verhindert.“

Beispiel

Dieser Strategieschritt ist offensichtlich nicht sehr erfolgreich und führt in der Regel zu einem negativen Gefühl und Angst vor Ablehnung ($K-$). Hinzu kommt, dass der störende innere Dialog sich in deutlich sichtbaren nonverbalen Signalen zeigt, was Außenstehenden den Eindruck vermittelt, dieser Mensch stehe einem Kontakt ablehnend gegenüber. Damit verhindert der störende innere Dialog zusätzlich, dass die andere Person ein Gespräch eröffnet.

Schlechte Strategien enden mit K−

In diesem Fall ist bereits eine Strategie vorhanden, die jedoch ein negatives Ergebnis erzeugt. Schrittweise müssen nun die negativen Elemente entfernt oder durch geeignete Schritte ersetzt werden.

Ist ein Schritt besonders stark verankert und eingeschliffen, so versetzen Sie Ihren Klienten in die Strategie und unterbrechen diese an der entscheidenden Stelle durch Ablenkung.

Eingeschliffene Schritte unterbrechen

Dies wiederholen Sie so lange, bis der Strategieschritt wirkungslos wird und nicht mehr ausgeführt werden kann. Im Fall der Kennlern-Strategie muss also der innere Dialog unterbrochen werden.

Die Motivation steigt mit dem Erfolg

Neue Schritte und Sequenzen werden geankert und ebenfalls eingeübt, bis die gewünschte Strategie automatisch abläuft. Da die neue Strategie mit einem positiven Gefühl endet, steigt mit der Anzahl der Anwendungen die Motivation immer weiter, sodass sich die bessere Strategie schließlich durchsetzen wird.

Beispiel einer Flexibilitätsstrategie

Die folgende Strategie dient dazu, schnell aus unangenehmen Gefühlen und gedanklichen Blockaden herauszukommen. Sie wurde 1986 von Connirae Andreas erstmals vorgestellt. Sie ermöglicht es, schnell Alternativen für ein bestehendes Problem zu finden. Bei der Arbeit mit IT-Spezialisten habe ich herausgefunden, dass diese oft unbewusst die gleiche Vorgehensweise verwenden.

$$K- \xrightarrow{p} K+ \rightarrow A_d \rightarrow V^k \rightarrow \frac{V}{\underset{K}{A}} \rightarrow K\pm \rightarrow K+\!/\!+ \rightarrow A_d$$

$K-$	$K+$	A_d	V^k	$\dfrac{V}{A}$		$K+\!/\!+$	A_d
Frustration	Gegenteil	Was kann ich tun?	Möglichkeit visualisieren	K Assoziieren		beste Variante	Tu es

3- bis 5-mal

Die Strategie beginnt mit einem Gefühl der Frustration *(K–)* bei der Erledigung einer schwierigen Aufgabe. Sofort erfolgt eine (polare) Gegenreaktion und der Betroffene stellt sich vor, wie er sich fühlen würde, wenn das Problem bereits gelöst wäre *(K+)*. Im nächsten Schritt fragt er sich innerlich: „Was kann ich tun?" und stellt sich bildlich eine neue Möglichkeit vor (V^k). Diese neue Möglichkeit erlebt er mit allen Hauptrepräsentationssystemen *(V/A/K)* assoziiert und überprüft das sich einstellende Gefühl *(K±)*. Nach drei bis fünf Wiederholungen dieses Vorgangs vergleicht er die Varianten und wählt die beste Variante aus. Die innere Aufforderung *(Ad)* „Tu es!" lässt ihn die beste Variante sofort ausprobieren.

Sechs Schritte zur Verbesserung ineffektiver Strategien

1. Identifizieren Sie das Problemfeld.
2. Identifizieren Sie die interne Strategie. Lassen Sie sich Schritt für Schritt beschreiben, was der Mitarbeiter (Kunde, Partner usw.) für eine Strategie hat. Erfragen Sie unklare Schritte.
3. Identifizieren Sie das problematische Element der Strategie.
4. Identifizieren Sie, was das Problem verursacht.
5. Entwickeln Sie eine alternative Vorgehensweise für das problematische Element.
6. Üben Sie (mit dem Klienten) die Alternative, bis sie zur Selbstverständlichkeit wird.

Ein Mitarbeiter im Benutzer-Help-Desk der EDV-Abteilung hat Probleme, Kundenaufträge in der Reihenfolge ihrer Wichtigkeit zu erledigen. (1)

Durch Befragen erhalten Sie von ihm genaue Angaben, wie er Aufträge annimmt und bearbeitet: „Eine Aufgabe wird mir mündlich (A^{ex}) oder per E-Mail (V^{ex}) mitgeteilt. Danach notiere ich die Aufgabe in meiner Liste und arbeite die Schritte dann ab." (2)

Auf die Frage: „Wie beurteilen Sie, ob eine Aufgabe wichtig oder unwichtig ist?" erhalten Sie als kritisches Element die Überprüfungsprozedur des Mitarbeiters: „Ich beurteile die Wichtigkeit nach meinem Bauchgefühl ($K+$, $K-$). Wenn ich das Gefühl habe, der Anrufer ist besonders ungeduldig oder schlecht gelaunt, ziehe ich seine Aufgabe vor und bearbeite die anderen Aufgaben erst, nachdem sein Problem gelöst ist."(3)

Das Problem wird also durch die Reaktion des Mitarbeiters auf die mündlich vorgetragene Aufgabenstellung verursacht. Seine Vorgehensweise sorgt dafür, dass die Kunden bevorzugt werden, die ihre Anfrage per Telefon ungeduldig oder schlecht gelaunt vortragen. Dadurch wird die Leistungsfähigkeit des gesamten Benutzer-Help-Desks beeinträchtigt. (4)

Beispiel: Verbesserung einer ineffektiven Strategie

Durch entsprechende Arbeitsmethodiken lernt der Mitarbeiter, Prioritäten nach Auswirkungen auf den Geschäftsbetrieb und die Dringlichkeit zu beurteilen. Dadurch verfügt er über eine Methode, die es ihm erlaubt, nach klaren Kriterien Prioritäten zu vergeben. Durch weitere Befragung analysieren Sie als Vorgesetzter, aus welchem Grund der Mitarbeiter bisher besonders ungeduldige Personen bevorzugt hat, und geben ihm die klare Anweisung, in Zukunft Aufgaben nur nach Auswirkungen auf den Geschäftsbetrieb zu beurteilen. Dies entspricht auch den Vorstellungen des Mitarbeiters von einem effektiven Help-Desk. (5)

Die Vorgehensweise wird über einen vereinbarten Zeitraum kontinuierlich geübt und von Ihnen als Vorgesetztem überprüft. Hält sich der Mitarbeiter an die Vereinbarung und vergibt die Prioritäten richtig, wird er für die Verbesserung seiner Strategie belohnt. (6)

Die Anwendung von Strategien

Strategien, um besser zu überzeugen

Im beruflichen Umfeld gibt es vielfältige Möglichkeiten, Ihre Kenntnisse über Strategien nutzbringend anzuwenden. Neben der Möglichkeit, Ihre Kontaktfähigkeit und Flexibilität zu verbessern, sind Strategien sinnvoll, um andere Personen zu überzeugen.

Kennen Sie die Entscheidungsstrategien Ihrer Kunden?

Möchten Sie beispielsweise als Verkäufer erfolgreich sein, so sollten Sie die Entscheidungsstrategie Ihrer Kunden kennen. Stellen Sie Rapport zu Ihren Kunden her und finden Sie heraus, warum die Kunden bestimmte Produkte kaufen: „Ich sehe, Sie verwenden ein PC-System unserer Konkurrenz. Was hat Sie veranlasst, sich für dieses System zu entscheiden? Haben Sie vielleicht etwas darüber gehört, einen Testbericht gelesen oder haben Sie das System einfach einmal ausprobiert?" Finden Sie die Entscheidungsstrategie des Kunden heraus. Wenn Sie dabei feststellen, dass er visuelle Informationen zur Entscheidung verarbeitet, bieten Sie ihm diese Informationen an. Versuchen Sie in diesem Fall nicht, durch Argumente und Gespräche die Entscheidung herbeizuführen. Dies führt mit hoher Wahrscheinlichkeit zu Widerstand und verhindert Ihren Erfolg.

Wenn Sie Mitarbeiter führen, suchen Sie nach den Motivations- und Überzeugungsstrategien Ihrer Mitarbeiter. Besprechen Sie Situationen, in denen die Mitarbeiter motiviert oder von einer Sache überzeugt waren. Verwenden Sie diese Informationen, um in Zukunft selbst besser zu motivieren und zu überzeugen.

Kennen Sie die Strategien Ihrer Mitarbeiter?

Probleme in Verkauf, Kundenkontakt und Mitarbeiterführung entstehen dadurch, dass Verkäufer und Führungskräfte innere gedankliche Prozesse und Strategien zu wenig berücksichtigen.

Mehr Anstrengung nützt wenig

Die Auswirkungen ineffektiver Strategien und Managementmethoden vergrößern sich häufig dadurch, dass viele Menschen bei ausbleibenden Erfolgen die aktuellen Anstrengungen einfach verstärken, anstatt eine geeignetere Strategie einzusetzen.

Die Arbeit mit Strategien zeigt einen Weg, ineffektive durch effektive Strategien zu ersetzen, und berücksichtigt dabei die motivationskritischen Faktoren bei anderen Menschen, etwa Mitarbeitern und Kunden. Durch Erlernen von Fragetechniken und Verbesserung der Wahrnehmungsfähigkeit lernen Sie ineffektive Strategien zu identifizieren und effektive Strategien zu verstärken. Dadurch sind Sie in der Lage, für die entscheidenden Prozesse in Ihrem Berufs- wie in Ihrem Privatleben geeignete Strategien zu entwickeln, um langfristig erfolgreicher zu werden.

Eigene Strategien verbessern

11. NLP-Techniken in Vorträgen und Präsentationen

Anwendung in Gruppen Dieses Kapitel beschäftigt sich abschließend mit der Anwendung von NLP-Techniken im Rahmen von Vorträgen, Präsentationen und Seminaren. Obwohl NLP hauptsächlich Techniken für die Kommunikation zwischen zwei Personen bereitstellt, lassen sich viele Dinge mit hervorragender Wirkung auf Gruppen übertragen. Die folgenden Methoden leiten sich aus dem so genannten „4Mat-System" ab.

Das 4Mat-System Grundlage des 4Mat-Systems ist, dass es verschiedene Lerntypen unter den Menschen gibt und sich der Lernende beim Aneignen eines Themas die folgenden vier Fragen stellt:

- Warum soll ich mich mit diesem Thema beschäftigen? Warum lerne ich das?
- Was sind die Grundlagen und Inhalte des Themas? Was lerne ich?
- Wie funktioniert das Gelernte in der Praxis? Wie wende ich es an?
- Wozu kann ich das Gelernte noch gebrauchen?

Jeder hat seinen bevorzugten Lernstil Die Bedeutung der einzelnen Fragen ist für jede Person unterschiedlich. Ein guter Trainer und Redner berücksichtigt daher in seinen Vorträgen alle vier Fragen und achtet darauf, dass er die Zuhörer in die Lage versetzt, für sich selbst geeignete Antworten zu finden. In Anlehnung an diese Fragen teilt er seinen Vortrag in vier Quadranten auf.

124

Der Warum-Quadrant

Die Frage „Warum lerne ich?" müssen Sie als Vortragender zuerst beantworten. Die Aufgabe dieses Quadranten ist es, Motivation für das Thema beim Zuhörer aufzubauen. Achten Sie darauf, dass das Thema als relevant und wichtig wahrgenommen wird. Gleichzeitig nutzen Sie als Trainer diesen Quadranten, um bestehende Widerstände bei den Zuhörern zu erkennen und bekannte Einwände durch Preframes vorwegzunehmen.

Themen müssen relevant sein

Indem Sie den Zuhörer in seinem Modell der Welt abholen, verhindern Sie Lernblockaden und bauen eine emotionale Brücke zwischen Teilnehmer, Vortragendem und Thema.

Damit Ihre Zuhörer sich auf das Thema einlassen, ist es sinnvoll, zu Beginn des Vortrags Rapport zur Gruppe aufzubauen. Pacing ist an dieser Stelle nicht ohne weiteres möglich, da Sie ja unterschiedliche Personen vor sich haben, die Sie möglicherweise noch gar nicht kennen. Aus diesem Grunde können Sie Rapport am wirksamsten durch bestimmte Sprachmuster aufbauen. Und zwar durch Sprachmuster, die dazu führen, dass die Zuhörer Ihren Aussagen unbewusst Zustimmung entgegenbringen.

Rapport unterstützt das Zuhören

Allen offensichtlichen Tatsachen kann der Zuhörer sofort zustimmen. Leiten Sie Ihren Vortrag zum Beispiel mit den Worten ein: „Guten Morgen, wir werden uns von heute an fünf Tage mit dem Thema ABC beschäftigen", so erhalten Sie automatisch Zustimmung. Wenn Sie mehrere solcher Tatsachen hintereinander aufzählen, so erzeugen Sie eine so genannte „Ja-Straße". Hat der Teilnehmer Ihnen innerlich mehrfach zugestimmt, so fällt es ihm später leichter, Ihnen auch bei Themen zu vertrauen, die ihm bisher nicht bekannt waren. Er wird Ihnen und dem Thema gegenüber offener.

Tatsachen und Ja-Straße

Cover all Bases Mit der Technik „Cover all Bases" sind Sie in der Lage, sprachlich alle Varianten einer bestimmten Eigenschaft abzudecken. Dies baut ebenfalls Widerstände der Zuschauer ab: „Einige von Ihnen fragen sich vielleicht, was die Themen des heutigen Tages sein werden. Andere fragen sich das möglicherweise nicht!" Egal, welche Einstellung ein bestimmter Zuschauer hat, durch diesen Satz wird er angesprochen und kann letztendlich nur zustimmen.

Eingebettete Befehle „Guten Morgen, meine Damen und Herren. Wir werden uns die nächsten zwei Stunden mit Konfliktmanagement beschäftigen. Und weil wir nur zwei Stunden Zeit haben, werde ich Ihnen ausschließlich die wichtigsten und interessantesten Themen vorstellen. Denn immer dann, wenn meine Seminarteilnehmer diese Themen lernen, passen sie auf und machen sie mit!"

Der letzte Satz enthält einen eingebetteten Befehl: „Passen Sie auf und machen Sie mit!" Der Zuhörer wird diesen Satz bewusst nicht als Aufforderung wahrnehmen, jedoch wird sich seine Aufmerksamkeit unbewusst auf das Seminar richten. Zumal Sie ihm gerade mitgeteilt haben, dass es ausschließlich wichtig und interessant für ihn wird.

„My Friend John"-Sprachmuster Eine andere Methode, einen eingebetteten Befehl zu erteilen, ist das als „My Friend John" bekannte Sprachmuster. Dieses Sprachmuster enthält einen direkten Befehl, den Sie über eine dritte Person erteilen. Fragt Sie zum Beispiel ein Teilnehmer, wie er eine Technik noch besser erlernen kann, so können Sie antworten: „Diese Frage habe ich damals einem Bekannten (John) auch gestellt, er sagte zu mir: ‚Du musst es jeden Tag mindestens eine Stunde intensiv üben!'" Durch entsprechende Betonung des Befehls können Sie die Wirkung dieses Sprachmusters noch deutlich verstärken.

Im Kapitel über Meta-Programme (siehe Seite 98) haben wir festgestellt, dass der Richtungs-Sort bestimmt, wie eine Person motiviert werden kann. Dabei wurde zwischen Hin-zu- und Weg-von-Motivation unterschieden. Diese Kenntnis können Sie nutzen, um die mögliche Motivation der Zuhörer zu pacen und weitere Zustimmung aufzubauen. Überlegen Sie, welche Gründe es geben kann, dieses spezielle Seminar oder diesen Vortrag zu besuchen, und finden Sie geeignete Hin-zu- und Weg-von-Motivationen.

Aufbau von Motivation, Pacen von Meta-Programmen

Für ein Seminar über Konfliktmanagement könnten Sie die beiden Motivationsrichtungen zum Beispiel mit folgendem Satz pacen: „Wenn ich an die letzten Seminare zu diesem Thema denke, kann ich sagen, dass es grundsätzlich zwei Gründe gab, dieses Seminar zu besuchen. Einerseits waren da Teilnehmer, die aktuell gerade Schwierigkeiten mit bestimmten Mitarbeitern oder in der Gruppe hatten und diese lösen wollten (Weg-von). Andere Teilnehmer waren sehr daran interessiert, neue Methoden und Techniken kennen zu lernen, die sie bei zukünftigen Problemen nutzen können (Hin-zu)."

Hin-zu und Weg-von-Motivation

Gehen Sie doch einmal die Liste der Meta-Programme durch (siehe Seite 109), sicherlich werden Sie weitere Meta-Programme finden, die Sie bei Ihren zukünftigen Vorträgen berücksichtigen können.

Durch die richtige Ausnutzung des Raumes sind Sie in der Lage, bestimmte innere Zustände bei den Zuschauern zu installieren, um sich später immer wieder bewusst an diesen Ort zu bewegen, sobald Sie eine bestimmte Stimmung erzeugen möchten. Besonders geeignet ist die folgende Raumaufteilung (vom Zuschauer aus betrachtet):

Raumanker nutzen

Linke Seite	Bühnenmitte	Rechte Seite
Negative Zustände	Neutrale Zustände	Positive Zustände
Weg-von-Motivation	Bühnenmitte vorne: Betonung wichtiger Aussagen	Hin-zu-Motivation
Vergangenheit	Gegenwart	Zukunft
Offene Fragen, offene Loops	Vorstellungsrunde, Vermitteln bei Meinungsverschieden-heiten	Beantwortung offener Fragen, Schließen von Loops
Behandlung von kritischen Zwischenfragen oder Einwänden, Preframes	Präsentation fachlicher Inhalte	Standort des Flipcharts

Zu Beginn eines Vortrags können Sie bestimmte Punkte im Raum bewusst einnehmen, um die Zuschauer auf diese Punkte zu ankern. Wenn es Ihre persönlichen Fähigkeiten zulassen, können Sie den Anker verstärken, indem Sie durch Veränderung der Stimme einen bestimmten Punkt zusätzlich betonen (so genanntes „analoges Markieren"). Später suchen Sie diese Punkte bewusst auf. Richten Sie sich einen speziellen Punkt für Zwischenfragen und Einwände ein. Erwarten Sie Kritik oder eine lästige Zwischenfrage, so bewegen Sie sich auf den Kritikpunkt zu, bevor Sie die Person sprechen lassen. Auf diese Weise halten Sie Ihren Präsentationspunkt sauber und können die dicke Luft sozusagen am Kritikpunkt zurücklassen, nachdem Sie die Frage beantwortet haben.

Eine Timeline aufbauen Durch das Betreten von Raumbereichen für Vergangenheit, Gegenwart und Zukunft bauen Sie eine Zeitlinie (Timeline)

auf, die es dem Zuschauer erleichtert, zeitliche Zusammenhänge zu erfassen. Dabei ist es sinnvoll, die Vergangenheit
links einzurichten, da wir von links nach rechts lesen. Posi-
tionieren Sie negative Dinge und Weg-von-Motivationen in
der Vergangenheit und positive Hin-zu-Motivationen und
das Flipchart in der Zukunft. Auf diese Weise verdeutlichen
Sie, dass Ihr Vortrag positive Veränderungen erzielt.

Unter einem „Loop" versteht man eine Bemerkung, die beim **Öffnen von Loops**
Zuhörer Interesse auslöst. Sie öffnen einen Loop, indem Sie
anfangen, eine Geschichte zu erzählen. Wird der Loop nicht
geschlossen, das heißt, erzählen Sie die Geschichte nicht
zu Ende, so bleibt das Interesse des Zuhörers erhalten. Eine
Vorgehensweise, die Sie täglich im Fernsehen erleben können. Vor der Werbung wird ein Loop geöffnet, indem die
spannendsten Themen des nächsten Sendeblocks vorgestellt
werden. Mit den Worten „Bleiben Sie dran!" wird die Werbung eingeleitet und der Zuschauer dazu bewegt, die Werbung nicht abzuschalten, um später die eigentlichen Themen
anzusehen.

Sie können auch mehrere Geschichten miteinander verket- **Achtung bei**
ten, indem Sie mehrere Loops hintereinander öffnen und **Verschachtelungen**
später wieder schließen. Wenn Sie jedoch die Reihenfolge
beim Schließen der Loops vertauschen, so führt dies fast immer dazu, dass der Zuhörer einen Teil der Informationen
wieder vergisst.

Sie können die Verkettung mehrerer Loops nutzen, um **Verwirrung**
Zustände und Informationen miteinander zu verketten, **löst Blockaden**
komplexe Zusammenhänge zu verdeutlichen und absichtlich
Verwirrung zu erzeugen. Verwirrung ist sinnvoll, um das
Phänomen des vorzeitigen Verstehens zu verhindern. Vorzei-
tiges Verstehen bedeutet, dass ein Teilnehmer Ihnen nicht
mehr folgt, weil er der Meinung ist, das Thema bereits zu
kennen.

Die Vorstellungs-runde: Status klären

Nachdem Sie Rapport mit der Gruppe aufgebaut haben, einen kurzen Abriss (Timeline) der bevorstehenden Themen gegeben und durch Loops das Interesse der Teilnehmer gewonnen haben, ist es an der Zeit, sich selbst vorzustellen. Dabei ist es wichtig, noch einmal kurz zu klären, warum Sie berechtigt und befähigt sind, das Thema überhaupt zu präsentieren. Manche Vortragenden haben eine gewisse Scheu, ihre Fähigkeiten und Erfahrungen zu erwähnen. Tun Sie es jedoch nicht, so steigt die Gefahr, dass ein Mitglied der Gruppe diese Frage stellt. Dann handelt es sich nicht mehr um eine Vorstellung, sondern bereits um eine Rechtfertigung. Für die Sicherheit der Gruppe ist es jedoch notwendig, die Kompetenzen und Fähigkeiten eines Trainers oder Redners genau zu kennen, damit Vertrauen entsteht.

Das Ziel der Zuhörer ist Bestand-teil Ihres Ziels

Ich selbst verwende häufig das folgende Muster: „Nachdem Sie nun wissen, was die Themen und Inhalte dieses Seminars sind, sollten wir uns kurz gegenseitig vorstellen. Dabei interessiert mich besonders, welche Erfahrungen und Kenntnisse Sie bereits mitbringen und welche persönlichen Ziele Sie mit Ihrem Besuch verfolgen." Danach stelle ich mich selbst kurz vor. Mein Ziel ist es selbstverständlich, den Teilnehmern zu einem erfolgreichen und wirksamen Seminar zu verhelfen, dies betone ich durch die folgenden Worte: „Mein Ziel hängt von Ihren Zielen ab. Ich möchte, dass Sie in diesem Seminar nicht nur Wissen erhalten, sondern auch in die Lage versetzt werden, das Gelernte direkt in die Praxis umzusetzen. Um dies sicherzustellen, werden wir regelmäßig kurze Feedbackrunden und Diskussionen durchführen, damit ich feststellen kann, wie weit dieses Ziel erfüllt wird."

Preframe von Feed-back und Bewertung

Hierdurch betone ich, wie wichtig das Feedback und der Dialog mit der Gruppe sind. Auch eine abschließende Bewertung des Vortrags durch die Teilnehmer können Sie in der Vorstellungsrunde bereits ankündigen. Wenn die Anwesenden sich vorstellen, geben Sie ihnen Gelegenheit, ihre Wünsche,

Ziele und Vorstellungen zu äußern. Sagen Sie klar, was möglich ist und was nicht zum Seminar oder Vortrag gehört. Auf diese Weise stellen Sie sicher, dass die Teilnehmer keine ungerechtfertigten Erwartungen stellen. Die Wünsche des Publikums geben Ihnen schließlich die Möglichkeit, die Inhalte noch gezielter den Erwartungen anzupassen.

Fallen Ihnen in der Vorstellungsrunde Einwände oder negative Einstellungen Ihrer Zuhörer auf, so können Sie diese nach der Vorstellungsrunde kurz ansprechen. Es ist wichtig, solche Blockaden frühzeitig zu erkennen, damit sie später nicht zu einem Problem werden. Häufig gibt es bestimmte Klassen von Einwänden, die sich wiederholen. Ein erfahrener Redner ist auf solche Einwände vorbereitet und hat entsprechende Preframes parat.

Einwände, negative Vorannahmen und Blockaden

Mithilfe von Metaphern, kurzen Geschichten oder Referenzerfahrungen, die sich auf das Thema beziehen, helfen Sie den Zuhörern, sich auf einer unbewussten Ebene auf das Thema und die bevorstehenden Inhalte einzustimmen. Beobachten Sie einmal bekannte Redner und Sie werden feststellen, dass diese über eine ganze Reihen von Metaphern und Geschichten verfügen und damit ihre Vorträge lebendiger und anschaulicher gestalten.

Metaphern, Geschichten, Referenzerfahrungen

Der Was-Quadrant

Dieser Teil behandelt die Wissensvermittlung durch den Vortragenden. Aufgabe dieses Quadranten ist die strukturierte Vermittlung der Lerninhalte. Daher findet sich hier der Gebrauch von technischen Hilfsmitteln wie Flipchart, Beamer, Overheadprojektor oder Whiteboard. Da die meisten Vortragenden diesen Quadranten besonders gut beherrschen, werden wir uns nur kurz mit den wichtigsten Grundlagen beschäftigen.

Inhalt und Thema

CPT – Concepts,
Principles,
Techniques

Mit CPT können Sie die Wissensinhalte strukturieren. Zunächst erläutern Sie die dem Thema zugrunde liegenden Theorien im Überblick. Dadurch pacen Sie zusätzlich die Teilnehmer mit dem Chunk-Size-Sort „Überblick". Sie erläutern Begriffe, Beziehungen und bedeutende Abgrenzungen zum Thema. Danach zeigen Sie Anwendungsrichtlinien und wichtige Prinzipien auf. Schließlich erklären Sie Techniken und Vorgehensweisen. Sie teilen mit, wann eine Technik zu gebrauchen ist und wann nicht. Hierbei gehen Sie stärker ins Detail und pacen damit auch dieses Chunk-Size-Sort (siehe Seite 103).

Fragen Sie sich, welche Referenzerfahrung der Zuhörer braucht, um das Gesagte zu verstehen und einzusetzen. Überlegen Sie, welche Erfahrung Sie durch Fragen herausholen (sokratische Methode) oder einfach durch Belehrung vorgeben.

Der Wie-Quadrant

Übung ist wichtig
für den
späteren Erfolg

Im Wie-Quadranten lernt der Teilnehmer, wie eine Technik zu gebrauchen ist. In Präsentationen entfällt dieser Teil häufig, da eine Anwendungskompetenz beim Teilnehmer oft nicht das Ziel einer reinen Präsentation ist. In Seminaren ist dieser Teil jedoch meist entscheidend für den Erfolg der Teilnehmer. Der Wie-Quadrant enthält die Elemente Demonstration, Übungen und Coaching der Teilnehmer.

Demonstration

Demonstration ist keine Problemlösung, daher konzentrieren Sie sich auf die eigentliche Technik und nicht auf spezielle Probleme eines Teilnehmers. Zeigen Sie an dieser Stelle Schritt für Schritt, wie eine Übung durchzuführen ist. Berücksichtigen Sie unterschiedliche Verarbeitungsgeschwindigkeiten bei den Teilnehmern.

Übungen führen die Teilnehmer grundsätzlich alleine oder in Kleingruppen durch. Dabei sind Sie als Betreuer jederzeit ansprechbar. Beachten Sie besonders die Teilnehmer, die Ihnen nonverbal zu verstehen geben, dass sie während der Übung nicht beobachtet werden möchten. Dieses Verhalten gilt es sofort zu unterbrechen. Ansonsten besteht die Gefahr, den Teilnehmer während der Übungsphasen zu verlieren und damit seinen Seminarerfolg zu gefährden. In diesem Teil ist es Ihre wichtigste Aufgabe, sicherzustellen, dass alle Teilnehmer die Übungen richtig durchführen.

Übungen

Besonders bei Anfängern ist schnelles Feedback nötig. Achten Sie darauf, möglichst kleine Schritte sofort zu verbessern. Ansonsten besteht die Gefahr, dass Sie die Teilnehmer überfordern. Nach Möglichkeit erlauben Sie dem Teilnehmer selbst zu erkennen, was er verbessern könnte.

Coaching: Fehler im Ansatz korrigieren

Der Wozu-Quadrant

Aufgabe dieses Teils ist es, sicherstellen, dass die in den Übungen gemachten Erfahrungen optimal in Lernerfahrungen übersetzt werden. Dieser Teil wird häufig nur in Seminaren eingesetzt, in reinen Präsentationen entfällt er normalerweise. Zum optimalen Umsetzen der Lernerfahrung sind Feedbackrunden und Befragungen der Teilnehmer geeignet. Beachten Sie in Feedbackrunden, dass keine Erfahrungsberichte abgegeben werden, sondern echte Lernerfahrungen. Durch entsprechende Fragen können Sie dies fördern.

Die Lernerfahrung ist entscheidend

Achten Sie darauf, dass die Erfahrungen richtig generalisiert und in den Alltag übertragen werden. Helfen Sie den Zuhörern beim Finden eines angemessenen Verallgemeinerungsniveaus für das Gelernte. Häufig ist es so, dass besonders wirksame Techniken von den Teilnehmern begeistert aufgenommen werden. Dies kann dazu führen, dass eine Über-

Generalisierung von Erfahrungen

generalisierung stattfindet und der Teilnehmer dazu neigt, die Technik nun möglichst oft im Alltag anwenden zu wollen. Dies führt dann später häufig zu Schwierigkeiten, wenn der Teilnehmer feststellt, dass nicht alle Personen positiv auf die gelernte Technik reagieren.

Fragen, die den Lerneffekt erhöhen

Die folgenden Fragen zielen darauf ab, einen Denkprozess bei den Zuhörern anzuregen, um die Effektivität des Erlernten zu erhöhen. Sie sind so formuliert, dass sie vor Kritik schützen, die Sie durch falsche Formulierungen möglicherweise herausfordern.

- Was war für Sie das Wichtigste innerhalb dieses Vortrags?
- Nennen Sie Ihre drei wichtigsten Lernerfahrungen?
- Was ist für Sie besonders relevant und wichtig gewesen?
- Können Sie sich eine Situation vorstellen, in der Sie dieses Wissen anwenden können?
- Was werden Sie als Nächstes tun, wenn Sie jetzt in eine solche Situation geraten?
- Wie hat Ihnen das Training/der Vortrag gefallen? (Anstelle von „Hat es Ihnen gefallen?")

Seminarbeurteilung: Auch der Trainer wird bewertet

In Seminaren ist es üblich, den Teilnehmern vor dem Ende Bewertungsbögen auszuteilen. Viele Trainer fürchten diese anonyme Bewertung, da manche Teilnehmer hier unerwartete Kritik und schlechte Bewertungen abgeben. Der Trainer kann einen sicheren und professionellen Umgang mit diesen Bewertungsbögen durch die richtige Vorgehensweise erreichen.

Die Bewertung vorher ankündigen

Erstellen Sie folgenden Preframe zu Beginn des Seminars: „Ich werde Ihnen am Ende des Seminars Bewertungsbögen austeilen, damit Sie beurteilen können, wie Ihnen das Seminar gefallen hat. Diese Bögen helfen uns (der Trainingsorganisation), unsere Qualität dauerhaft zu verbessern. Bitte zögern Sie aber nicht, mich direkt anzusprechen, falls Sie bemerken, dass etwas nicht in Ordnung ist. Nur so kann ich als Trainer sofort reagieren. Was ich erst durch die Beurteilungsbögen herausfinde, kann ich in diesem Seminar nicht mehr ändern. Und ich hätte meine Aufgabe schlecht erfüllt, wenn ich erst nach dem Training merke, wie es Ihnen gefallen hat."

Machen Sie eine Feedbackrunde vor der Bewertungsrunde: „Bevor ich Ihnen jetzt die Beurteilungsbögen austeile, möchte ich gerne noch einmal von Ihnen erfahren, wie Ihnen das Seminar gefallen hat. Denn unabhängig davon, wie Sie das Seminar auf dem Papier bewerten, für mich ist das persönliche Feedback immer noch das Wichtigste."

Persönliches Feedback

Durch ein korrekt durchgeführtes Feedback und die persönliche Beantwortung der Frage, wozu das Gelernte dienen kann, bauen Sie der Unzufriedenheit des Teilnehmers vor. Denn hat er bereits mehrfach beantwortet, was für ihn wichtig und gut zu gebrauchen ist, kann er kaum noch eine schlechte Beurteilung abgeben.

Letztendlich zahlt der Teilnehmer, um mit dem Seminar zufrieden zu sein. Er möchte ein Seminar, das für ihn geeignet ist, seine Wünsche und Ziele zu erreichen. Als Trainer können Sie dies sicherstellen, indem Sie den Teilnehmer dazu anregen, bereits während des Seminars über die Erreichung seiner Ziele nachzudenken.

Zufriedenheit unterstützen

Der Umgang mit Störungen und Kritik

Wie gehen Sie mit Störungen oder Kritik durch einzelne Zuhörer um? Zunächst sollten Sie herausfinden, ob es sich um eine wirkliche Störung handelt oder ob Sie eine Zwischenfrage nur rein subjektiv als Störung betrachten. Ein wirksames Messinstrument hierzu ist die Reaktion der Gruppe. Stellen Sie innerhalb der Gruppe nonverbale Sig-

Ist die Störung objektiv eine Störung?

nale fest, die Genervtheit, Desinteresse oder gar Bestürzung ausdrücken, so handelt es sich um eine Störung, die die Gruppe als Ganzes betrifft. Nehmen nur Sie selbst die Kommunikation als Störung wahr, so fragen Sie sich, ob möglicherweise nur Ihre Reaktion auf den Teilnehmer unangemessen ist.

Kritik im Raum ankern

Die erste Reaktion Ihrerseits sollte sein, aus Ihrem momentanen Präsentationspunkt herauszutreten und sich auf den Raumbereich hinzuzubewegen, den Sie vorher als Kritikpunkt geankert hatten. Wenn möglich, richten Sie vorher auch einen Vermittlungspunkt ein, den Sie dann nach erfolgter Behandlung der Störung einnehmen.

Das Gesagte paraphrasieren

Wenn Sie den Kritikpunkt eingenommen haben, würdigen Sie den Sprecher, indem Sie kurz mit eigenen Worten wiederholen, was Sie verstanden haben: „Wenn ich Ihren Einwand richtig verstehe, sind Sie der Meinung, dass …" Damit pacen Sie den Einwand des Teilnehmers und zeigen, wie Sie die Aussage aufgefasst haben. Beachten Sie, dass Sie eine starke Trennung zwischen Ihrer Ansicht und der des Teilnehmers vornehmen. Entschuldigen Sie sich nicht, dies führt sofort dazu, dass Sie als Person ein Teil des Problems werden. Wenn möglich, atmen Sie vorher tief durch, nehmen Sie den beschriebenen Glaubwürdigkeitsmodus (siehe Seite 45) ein und versuchen Sie, nachdenklich oder intelligent dreinzuschauen.

Anwendung des Teilemodells

Das Teilemodell des NLP geht davon aus, dass die Persönlichkeit eines Menschen aus verschiedenen Teilen zusammengesetzt ist. Grundsätzlich sind diese Teile aus dem Verhalten erkennbar. Sie können dieses Modell einfach anwenden, um die Schlagkräftigkeit eines Einwands zu entkräften. Antworten Sie dem Teilnehmer, der Kritik äußert: „Ein Teil von Ihnen ist also der Meinung, dass dies problematisch ist, ist das so?"

Versuchen Sie nun das Problem zu behandeln. Bieten Sie eine Lösung an oder versuchen Sie, das Problem zu vertagen, wenn dies den weiteren Verlauf Ihres Vortrags gefährden würde. Manchmal ist es auch sinnvoll, die Problematik an die Gruppe weiterzugeben.

Diskussion, Lösung, Vertagung, Abgrenzung

Häufig findet ein anderer Teilnehmer eine Lösungsmöglichkeit, sodass Sie selbst keine Problemlösung anbieten müssen. Manche Teilnehmer haben vorherige Themen oder Aussagen falsch verstanden, in diesem Fall ist es sinnvoll, sich ein kurzes Feedback aus der Gruppe zu holen, um sicherzustellen, dass nicht noch weitere Teilnehmer etwas falsch verstanden haben.

Nach erfolgreicher Behandlung des Einwands nehmen Sie wieder den Präsentationspunkt ein und fahren mit Ihrem Vortrag fort. Vermeiden Sie für eine Weile Blickkontakt mit dem Teilnehmer. Ansonsten besteht die Gefahr, dass er dies als Einladung ansieht und weitere Kritik äußert.

Provokation vermeiden

In wenigen extremen Fällen gibt es Teilnehmer, die durch wiederholtes Stören versuchen, die Gruppe oder den Vortrag negativ zu beeinflussen. Wenn Sie feststellen, dass der größte Teil der Gruppe durch solches Verhalten deutlich irritiert ist oder der weitere Verlauf der Veranstaltung gefährdet ist, sprechen Sie es an.

Verwenden Sie dazu die dreiteilige Ich-Botschaft, indem Sie
- das beobachtete Verhalten offen ansprechen,
- Ihren Standpunkt erklären,
- die unmittelbaren Konsequenzen bei Fortführung des Verhaltens darstellen.

Die dreiteilige Ich-Botschaft

Wenden Sie diese Technik zunächst in einem Zweiergespräch (zum Beispiel während einer Kaffeepause) an.

Offene Aussprache suchen	Sprechen Sie den Teilnehmer offen auf sein Verhalten an. Beschreiben Sie nur, was definitiv wahrnehmbar ist, interpretieren Sie das Verhalten nicht. Verwenden Sie den Glaubwürdigkeitsmodus. Benutzen Sie dabei Aussagen wie: „Sie haben sich heute bereits zum vierten Male innerhalb einer Stunde unangemessen laut während des Vortrags über das Mittagessen beschwert."

Eigenen Standpunkt erklären

Erklären Sie, was die Störung für Sie persönlich bedeutet: „Ich fasse diese Beschwerden als Störung meines Vortrags auf, zumal ich Ihnen bereits beim ersten Mal erklärt habe, dass wir hierauf keinen Einfluss haben!"

Zeigen Sie deutlich die Konsequenzen des Verhaltens: „Ich erwarte, dass Sie dieses Thema in Zukunft ruhen lassen. Sollte Ihnen dieses Verhalten – aus welchen Gründen auch immer – nicht möglich sein, ist dieser Vortrag für Sie beendet!"

Reaktion beachten

Nimmt der Teilnehmer die Warnung an, beenden Sie das Gespräch. Leugnet er Ihre Beobachtung, so bieten Sie ihm an, Mitglieder der Gruppe nach ihrer Wahrnehmung zu befragen. Da Sie ein tatsächlich beobachtetes Verhalten beschrieben haben, wird die Gruppe in diesem Fall Ihre Wahrnehmung bestätigen. Empfindet der Teilnehmer sein Verhalten nicht als störend, so erklären Sie ihm, dass Sie als vortragender Redner diese Wahrnehmung haben und das Verhalten als klare Störung empfinden.

Glücklicherweise ist solch eine massive Vorgehensweise nur in sehr wenigen Fällen notwendig. Sollten Sie sie trotzdem einmal gebrauchen, so beobachten Sie den Teilnehmer danach sehr genau. Wenn Sie feststellen, dass er versucht, Ihren Rat ernst zu nehmen, behandeln Sie ihn weiterhin freundlich als willkommenes Mitglied der Gruppe. Seien Sie jedoch vorbereitet, dass sich das Vorgehen wiederholt. Häufig handelt es sich nämlich um angelernte Verhaltensweisen, die der Teilnehmer nur schwer kontrollieren kann und selbst gar nicht bemerkt. Dann ist die dreiteilige Ich-Botschaft der geeignete Weg, um jemanden auf ein störendes Verhalten aufmerksam zu machen.

Es gibt Fälle, in denen Mitarbeiter über Jahre ein solches Verhalten in Meetings praktizieren, und keiner der Kollegen und Vorgesetzten weist sie darauf hin. Entscheiden Sie bei Wiederholungen selbst, ob Sie die Warnung wiederholen oder die angekündigten Konsequenzen ergreifen.

Wenn Sie die vier beschriebenen Quadranten beachten, werden Sie als Redner wie als Trainer erfolgreich sein.

Schlusswort

Liebe Leserin, lieber Leser, ich hoffe, Sie hatten viel Spaß beim Lesen dieses Ratgebers und konnten bereits erste positive Veränderungen selbst erleben. Mit dem Lesen und Durcharbeiten dieses Buches haben Sie einen wichtigen Schritt in Richtung „Veränderung durch NLP" gemacht.

Selbstverständlich kann dieses Buch nur einen Überblick über das sehr komplexe Thema NLP geben. Wenn Sie mehr wissen möchten, besuchen Sie auch meine Website www.nlp4business.de bzw. www.sommer-solutions.de. Dort finden Sie weitere Informationen über NLP, Verkaufs- und Verhandlungstechniken sowie über Sales-Strategic-Design: eine Weiterentwicklung des NLP, speziell für Verkäufer und Führungskräfte. Wenn Sie mehr über NLP erfahren möchten oder sogar eine Ausbildung zum NLP Business Practitioner oder Business Master planen, dann freue ich mich darauf, Sie in einem meiner Seminare begrüßen zu dürfen.

Ihre Erfahrungen mit NLP interessieren mich sehr, Sie erreichen mich per E-Mail unter jochen.sommer@nlp4business.de.

Jochen Sommer

Literaturverzeichnis

Bandler, Richard: *Veränderung des subjektiven Erlebens. Fortgeschrittene Methoden des NLP.* 6. Auflage. Paderborn: Junfermann, 2001

Bandler, Richard; Donner, Paul: *Die Schatztruhe. NLP im Verkauf. Neue Wege und Übungen zum Erfolg.* 3. Auflage. Paderborn: Junfermann, 1999

Bandler, Richard; Grinder, John: *Kommunikation und Veränderung.* 8. Auflage. Paderborn: Junfermann, 2001

Bandler, Richard; Grinder, John: *Metasprache und Psychotherapie.* 10. Auflage. Paderborn: Junfermann, 2001

Bandler, Richard; Grinder, John: *Reframing. Ein ökologischer Ansatz in der Psychotherapie (NLP).* 7. Auflage. Paderborn: Junfermann, 2000

Bandler, Richard; MacDonald, Will: *Der feine Unterschied. NLP-Übungsbuch zu den Submodalitäten.* 4. Auflage. Paderborn: Junfermann, 2000

Dilts, Robert B.: *Modelling mit NLP. Das Trainingshandbuch zum NLP-Modelling-Prozess.* Paderborn: Junfermann, 1999

Grochowiak: Klaus: *Das NLP-Master-Handbuch. Erlernen Sie NLP auf Master-Niveau.* Paderborn: Junfermann, 1999

Grochowiak, Klaus: *Das NLP-Practitioner-Handbuch.* 2. Auflage. Paderborn: Junfermann, 1996

Jochims, Inke: *NLP für Profis. Glaubenssätze und Sprachmodelle.* Paderborn: Junfermann, 1995

Sawizki, Egon R.: *30 Minuten für NLP im Alltag.* Offenbach: Gabal, 2001

Sommer, Jochen: *Gekonnt Verhandeln mit der richtigen Strategie.* Active-Book. Paderborn: Junfermann, 2002

Sommer, Jochen: *Leben ohne Grenzen. Active-Book.* Paderborn: Junfermann, 2002

Sommer, Jochen; Maigatter, Jochen: *Verhandlungspower. Taktiken, Techniken, Tricks.* Niedernhausen: Falken, 2001

Stichwortverzeichnis

Seminare
- ▨ NLP für Führungskräfte
- ▨ NLP für Verkäufer
- ▨ NLP für Trainer
- ▨ Kommunikations-
  und Managementtrainings
- ▨ Firmentrainings

NLP-Zertifizierungen
- ▨ NLP Business Practitioner
- ▨ NLP Business Master
  Practitioner

NLP Business Coaching
- ▨ Führung
- ▨ Verhandeln
- ▨ Verkauf

Hohe Qualität unserer

Dienstleistungen sowie

die Verpflichtung, uns

selbst immer weiter zu

verbessern, sind für uns

eine Selbstverständlichkeit.

Diese Qualität geben wir

konsequent an Sie weiter:

Schließlich ist Ihr Erfolg

auch unser Erfolg.

Sommer Solutions
Lösungen fürs Leben

Ziegelei 15
63571 Gelnhausen
Telefon: 0 60 51/96 91 28
Fax: 0 60 51/96 81 29
Internet **http://www.sommer-solutions.de**
          http://www.nlp4business.de